图解世界
精英思维

崔洋 / 著

北京日报出版社

图书在版编目 (CIP) 数据

图解世界精英思维 / 崔洋著 . -- 北京：北京日报出版社 , 2020.10

ISBN 978-7-5477-3791-0

Ⅰ.①图… Ⅱ.①崔… Ⅲ.①思维方法 – 通俗读物 Ⅳ.① B804-49

中国版本图书馆 CIP 数据核字 (2020) 第 161196 号

图解世界精英思维

出版发行	北京日报出版社
地　　址	北京市东城区东单三条 8-16 号东方广场东配楼四层
邮　　编	100005
电　　话	发行部：（010）65255876
	总编室：（010）65252135
印　　刷	三河市兴国印务有限公司
经　　销	各地新华书店
版　　次	2020 年 10 月第 1 版
	2020 年 10 月第 1 次印刷
开　　本	710 毫米 × 1000 毫米　1/16
印　　张	19
字　　数	290 千字
定　　价	58.00 元

版权所有，侵权必究，未经许可，不得转载

前言：你和牛人之间，差了一个思维模式

一位毕业于国内顶尖大学的 37 岁女硕士，在外企工作近 10 年，因为部门裁员不得不重新寻找工作，于是她在论坛发帖求职。看到这里，大家认为，她发的肯定是一则符合她硕士身份的求职信息，然而，当大家看到她对薪酬的要求时却大跌眼镜：月薪 3000 元！

一时间，网友们的读书无用论、中年危机论等纷至沓来。网友们似乎都在关注她的薪酬要求，却没有深度分析她的工作经历：

在科研合作管理中"打杂"；

没能取得专业内的注册证书；

日语一级，不能口头交流；

考研时英语成绩不错；

……

她承认自己的失败，没有在职业生涯中好好提升自己的技能，因此才混到薪酬低到 3000 元都没有公司愿意聘用她的地步。

这就是她低薪酬背后的原因！不是读书没用，不是社会对中年女性有歧视，是因为她没有能拿得出手的过硬本事。

其实，纵观整个社会，不乏像这位女硕士一样的人，他们人到中年，却将

自己陷入一片迷茫、一片黑暗当中，找不到人生的亮光，每天都像行尸走肉一般机械地穿行于办公室和家庭之间，没有出色的成就，没有像样的薪酬，没有不可替代的技能，更没有放弃眼下"麻木"的生活给自己一次挑战的勇气……

然而，与这些"麻木"的人不同的是，许多成功人士、牛人都充满朝气且行色匆匆地奔波着、学习着，哪怕一些人已经年龄不小了，他们依然坚信自身的人生还会更精彩，自身价值还能再次提升。

到底是什么导致了37岁的女硕士、"麻木"的人们与牛人之间的距离呢？那就是思维模式！

日本经营之圣稻盛和夫在他的著作《活法》中提出了一个非常有意义的公式：

人生/工作的结果 = 思维方式 × 热情 × 能力

这一公式也被称为稻盛和夫的成功秘诀。

不过从这个公式的取值范围来看，思维方式为 –100 ~ +100，能力和热情为 0 ~ 100。

由此可见，在这三个要素中，思维方式起着最关键、最具决定性的作用。

人生在世，会面临无数的抉择，但是不同的思维模式决定了不同的人生和结果。所以，改变思维模式，就是拉近你与牛人之间距离的最好方式。那要怎么改变呢？下面我们来看看卡罗尔·德伟克给我们带来的思维模式。

卡罗尔·德伟克告诉了我们两种思维模式：一种是固定型思维模式；另一种是成长型思维模式。

有着固定型思维的人，他们不愿意也不接受挑战，更喜欢固定、稳定的生活、工作；他们不喜欢变化，更喜欢待在舒适区；他们不愿意接受批评，不愿意付出努力，不愿意再继续学习……

就像上面提到的求职女硕士，她不是没有努力过，而是将自己的成就定格在了某一个成绩上。这位女硕士无疑是将自己的成绩定格在了名牌大学、硕士学历、外企工作上，认为取得了这些就是成功了，从此便可以高枕无忧、无须努力了。正是在这种心态下，她在外企一个替代率很高的职位上一待就是将近十年的时间，而这十年，她真的做到了岁月静好，任由自己在一个毫不起眼的职位上碌碌无为。

有着成长型思维的人，他们从来不会认为自己的能力仅限于当下的水平，也不认为自己的成就仅止步于此，他们认为自己还会成长，还能将能力不断提升；他们认为凡事都有可能，敢于向更大的困难发起挑战；他们敢于拥抱变化，总是不断寻找创新的可能；他们敢于向未知领域迈进，总是在寻找突破的机会；他们将每一次得到的反馈视为珍宝，并从中吸取教训，总结经验；他们不害怕失败，认为每次失败都是向成功更进了一步；他们擅长学习，认为学习就是终身的事业。

记得褚时健吗？跌宕起伏的传奇人生让多少人感叹，然而，在他74岁高龄、保外就医的情况下，还能携着妻子一同开山种橙子，并种出了人人称道的"褚橙"，这又何尝不是因为成长思维在推动他前进呢？

正是思维模式的不同，才决定了不同的人生层次。

本书讲的就是牛人的精英思维，以及步入牛人的人生层次的精英思维运用方法。相信在读过此书后，你能对现在的自己有一个正确的评估，然后在现在已有的基础上，不断提升自己、挖掘自己的潜力，从而真正跻身于牛人行列。

目录

第一章　认知思维：发现你的优点和缺点

巴纳姆效应：人贵自知却难自知 / 002

达克效应：别将你的无知当聪明 / 006

瓦拉赫效应：发现自己的优势点并充分放大 / 010

焦点效应：别把自己看得太重要 / 014

霍布森选择效应：没有对比的选择宁可扔掉 / 018

布里丹毛驴效应：影响你发展的不是运气，是犹豫 / 022

糖果效应：延迟满足的人都是人生大赢家 / 026

木桶原理：克服人生"短板"，你就是强者 / 031

蝴蝶效应：别让小毛病阻碍你的成长 / 035

第二章　目标思维：决定你走多远的关键指标

目标效应：知道自己去哪儿，全世界都会为你让路 / 040

洛克定律：目标重要，实施目标的步骤更重要 / 044

跳蚤效应：不画地为牢，你可以跳得更高 / 049
蔡戈尼效应：增强目标感，别让你的努力半途而废 / 053
布利斯定律：有计划的行动更容易到达终点 / 057
二八定律：把时间和精力用在 20% 的关键事情上 / 062
不值得定律：学会改变，让不值得的事情变得值得 / 067
登门槛效应：大目标分解成容易完成的小目标 / 071
目标置换效应：不要让高明的手段迷惑了目标 / 075

第三章　团队思维：一棵树长成一片森林的秘密

安泰效应：离开了团队，你或许什么都不是 / 080
苛希纳定律：极简思维，用最少的人做最多的事 / 084
共生效应：与优秀的人合作，你会变得更优秀 / 088
凹地效应：提升自身气场，贵人都愿意主动来相助 / 091
非零和效应：良好的团队合作以双赢为目的 / 094
旁观者效应：责任不清的团队永远没有竞争力 / 098
波克定理：无摩擦便无磨合，从争辩中实现无障碍沟通 / 102
史密斯原则：与竞争对手除了"死磕"，还有合作 / 105

第四章　情绪思维：别让负面心态影响你的未来

野马结局：自控情绪，是帮你实现目标的综合能力 / 110

罗森塔尔效应：优秀的人士都会不断给自己积极的期望和暗示 / 115

詹森效应：别让焦虑、紧张情绪在关键时刻成为羁绊 / 119

拍球效应：成长需要压力，但也要懂得解压 / 123

卡瑞尔公式：接受最坏的情况，追求最好的结果 / 128

踢猫效应：不要拿别人的过错来惩罚自己 / 132

情绪 ABC 理论：从积极的角度看问题，收获不一样的心情 / 136

蘑菇效应：静待花开的日子需要不焦不躁 / 141

第五章　格局思维：决定你上限的不仅是能力

瓦伦达效应：成功者都是能笑看成败的内心强大者 / 146

韦奇定律：非凡成就，离不开正确而坚定不移的信念 / 151

瀑布心理效应：做个有涵养的慎言者，你就能成功 / 156

态度效应：像善待自己一样善待生活 / 160

比伦定律：最好的成长，是不断地试错 / 163

改宗效应：做"反对者"，不做老好人 / 167

南风效应：优秀人士都具备"柔性"思维 / 172

隧道视野效应：目光放远，才能看到更好的自己 / 175

福克兰定律：静待时机，风车从不跑去找风 / 180

第六章　互惠思维：良好的人际关系从互惠互利开始

首因效应：初次见面，用"7—5—4"法让人深深记住你 / 186

跷跷板效应：把自己打造成"绩优股"，提升"被利用"的价值 / 191

刺猬效应：再好的关系也要保持适当距离 / 195

自己人效应：想拥有好人缘就把对方看成是自己人 / 199

出丑效应：偶尔犯犯"二"更让人喜欢 / 203

互悦机制：你喜欢他，他就喜欢你 / 208

名片效应：善用"心理名片"，迅速引起对方的共鸣 / 212

斯坦纳定理：与人正确沟通的打开方式是少说多听 / 215

第七章　发展思维：不变的唯一结果是出局

避雷针效应：决定你人生高度的是"变通商" / 220

累积效应：小优势积累成大优势，你就是脱颖而出的"异类" / 224

内卷化效应：要努力，但不要和比你优秀的人拼努力 / 229

重复定律：做有效的重复，让人生进阶 / 233

黑洞效应：不断学习积淀，让自己变得更优秀 / 237

蜕皮效应：走出舒适区，活出你想要的样子 / 241

凡勃伦效应：提升个人价值，让自己变得"抢手" / 245

青蛙效应：没有危机意识，就得面临"杀机" / 249

第八章　突破思维：创造总是从打破常规开始

定势效应：突破常规，到处都是机会 / 254

鸟笼效应：不在鸟笼中盲目前行，要在鸟笼外欢脱快活 / 258

马太效应：挣脱"马太效应"怪圈，实现人生逆袭 / 262

韦特莱法则：所谓成功，就是别人不愿做的你做了 / 266

柯美雅定律：创新才是王道，不要让努力成为瞎忙 / 270

里德定理：适时改变，遇见最好的自己 / 273

毛毛虫效应：扔掉"轻车熟路"，学会"正确地"犯错 / 277

惯性定律：不在安逸中"死亡"，要在折腾中"重生" / 281

鲁莽定律：先干起来，就已经成功了一半 / 286

第一章
认知思维：发现你的优点和缺点

从心理学角度来说，对自我的洞察和理解，对自我行为和心理状态的认知，被认为是自我认知。歌德说："一个目光敏锐、见识深刻的人，倘又能承认自己有局限性，那他离完人就不远了。"对自己有清晰的自我认知，也就是有自知之明，就能明白自己的能力到底可以完成多大目标。在个人成长中，心中要有梦想、有目标，但是首先要对自己的能力有一个清醒的认知，毕竟实现目标、理想需要具体的行动和步骤，如果对自己没有清晰的认知，没有具体的行动步骤，那梦想最终也仅是"梦"和"想"。

巴纳姆效应：人贵自知却难自知

著名杂技师肖曼·巴纳姆说："人在认识自己的时候，很容易受到来自外界信息的暗示，从而出现自我知觉的偏差。"人们通常会认为笼统的、一般性的人格描述，十分准确地揭示了自己的特点。

心理学上将这种现象称为"巴纳姆效应"。

生活中，常有这种现象：本身没什么能力的人，在他人的吹捧下，会觉得自己无所不能；而本身能力很强的人，在他人的一再打击下，反倒觉得自己一无是处。不管哪种人，都很大程度地受到了外界或他人的影响，而且非常严重，以至于最终完全迷失了自己。生活中的这种现象也正印证了"巴纳姆效应"。

很显然，巴纳姆效应对于人们的自身成长是不利的，这主要体现在以下两个方面（图1-1）。

```
┌─────────────────────────────────────────────────┐
│                              做事过于在乎别人的看法，│
│                              只要别人不肯定自己，就会│
│                              觉得自己做的是错的。   │
│      让人无法真正了解自己。    让人无法把握好自己。 │
│                                                 │
│  不清楚自己的能力、潜力、                         │
│  目标等，只从别人口中了解                         │
│  自己。                                          │
└─────────────────────────────────────────────────┘
```

图1-1　巴纳姆效应的不利之处

巴纳姆效应影响着很多人，就像下面这个案例中的凯瑟琳。

凯瑟琳是一个非常优秀的会计师，专业能力在公司中是最好的。然而，自从她和男朋友相处后，一直有诸如"刻板""过于保守"等词灌入她的耳朵，那些大多是她男朋友的朋友说给她男朋友听的。

一开始，凯瑟琳还非常生气，但听得多了，她便觉得他们说的是对的，于是便学着一些看起来非常时尚、前卫的人的样子，将自己打扮得看上去不那么刻板。她开始频繁地与男朋友出入一些鱼龙混杂的场所，听着周围人对她的赞美，她很开心，也很享受。渐渐地，她的注意力更多地偏向如何将自己打扮得更时尚，结果工作方面频频出错，最终因为给公司造成了极大损失而被开除了。

找不到自我，不清楚自己能做什么、该做什么，没有是非观，仅是从别人的眼中来判断自己是对是错，每天都要琢磨别人是怎么想的，这样的生活不仅让人感到疲惫，更严重的是，它会阻滞一个人前进的脚步，就像上面提及的凯瑟琳，不进反退。因此，生活中要尽可能远离巴纳姆效应。那要如何远离呢？这就需要做好以下几个方面。

正视自己

远离巴纳姆效应对自己的影响，首先要敢于直面自己，正视自己的优点和缺点，接受这些客观存在于我们身上的现实情况。

很多人面对自身缺点的第一反应就是将缺点藏起来，这就像那个测情商的问题：

比如人落水后，被救起时发现自己一丝不挂，第一反应除了大叫，一定是赶紧用双手捂住双眼。不管是将缺点藏起来，还是用双手捂眼，无疑都是在掩耳盗铃。

而从心理学角度来说，这一行为就是不愿直面自己的典型例子。人一旦有缺陷，想方设法都要将它掩饰起来。

又如有的人牙齿长得不好看，他们在说话时就特别注意掩饰自己的牙齿，或者人多的时候干脆闭口不言。

但自我认知最重要的就是发现自己的缺点并改正它，否则它将一直阻碍自我成长。

若一时难以找到自身的优点，不妨选择一个条件与我们差不多的参照对象作比较，当然，相比较的重点还要看内涵，比如技能、品德等方面。

培养敏锐的判断力

培养敏锐的判断力也要首先从认识自身开始。可以通过旁边人的提醒等途径发现自身的优缺点，由家里人或其他亲近的朋友直截了当地指出你自身存在的问题或具备的优势，从这些信息中逐渐培养敏锐的判断力。比如以下一些信息（图1-2）。

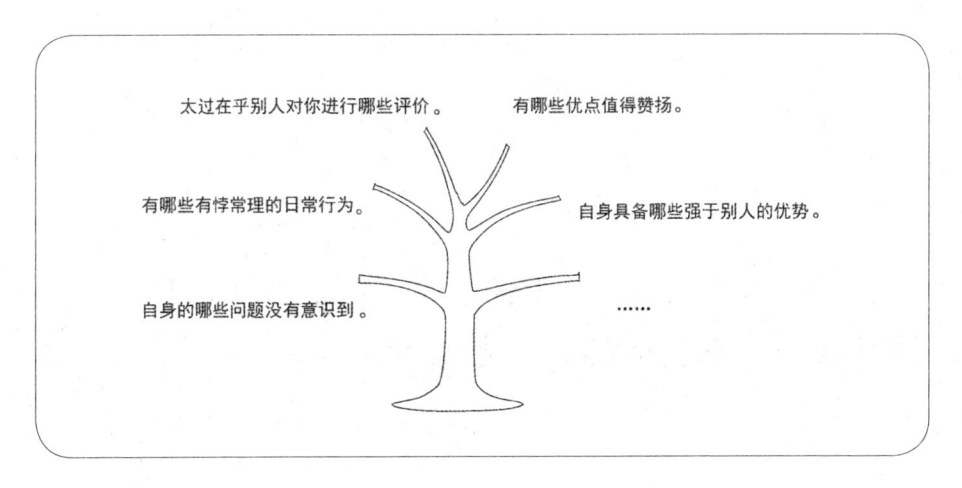

```
   太过在乎别人对你进行哪些评价。      有哪些优点值得赞扬。

   有哪些有悖常理的日常行为。         自身具备哪些强于别人的优势。

   自身的哪些问题没有意识到。          ……
```

图1-2　培养敏锐判断力需收集的信息

判断力原本就是在收集信息的基础上做出决策的能力，因此，不管是家人还是亲朋好友提出的有关你的信息，你都要有所重视，当然不能又回到巴纳姆效应状态中。

通过重大事件映照自己

成功的巅峰和失败的低谷都能反映一个人的真实性格，从中获得的经验和教训能提供自身的个性、能力等信息，还能看到自身的长处和优点、不足与缺陷。因此要把握这些，时刻重新认识自己。

人贵有自知之明，但难自知，这是很多人面临的困惑，可是，如果连自己都无法了解，又怎么能获得成长、成就呢？因此，别太在意别人的看法，静下心来好好审视自己、认识自己，活出一个精彩的自己。

达克效应：别将你的无知当聪明

康奈尔大学的 Kruger 和 David Dunning 做了一项实验，他们想知道在某方面技能缺失的人，是不是能认识到自己这个问题。首先他们测试了幽默感水平。他们先找了 30 个笑话，然后又请来专业的喜剧演员为这些笑话的有趣程度进行评级，并以此作为参考，让 65 名本科生继续为这些笑话评级。结果显示：

幽默感比平均水平略高的人预测的成绩相当准确；

幽默感很强的人认为自己的水平也就仅够平均水平；

缺失幽默感的人却认为自己的水平高出平均水平很多。

实验还没有结束，研究者又分别对测试者进行了逻辑推理能力及语法水平的测试，结果依然是能力最差的人认为自己的水平远高于平均水平。

在接下来的一系列实验中，阅读、驾驶、下棋、球类竞赛等，都表明能力越差的人，对自己的能力评估越高。

这一系列的实验结果表明：能力差的人更容易高估自己的能力，而能力高的人又容易高估他人的能力。

这种对自己的能力认知缺失的现象，被心理学家称为达克效应。

之所以会产生这种现象，是因为能力的高低会影响自我认知。一个人只有真的具备某种能力，才会真正了解这项能力，才能对这项能力做出最精准的评估。而当不具备这项能力，也不了解这项能力到底是怎么回事时，也就无法认识到自身对这项能力有所欠缺。

其实，这种现象在芸芸众生中比比皆是，比如一些自我感觉良好的人，他们自认为自己很聪明、很幽默、很有学识等，但其真实能力可能要差得多。在生活和工作中，我们是不是也有这种时候呢？在自我营造的优势中"自我放飞"，本身能力不高，却自我感觉能力很强，无法客观地对自身形成明确的认知。说这么多，并不是要你妄自菲薄，而是让你正视自己、真正了解自己，进而更好地提升自己。当然，提升自己，还要对自己有一个清晰的认知，然后加以学习和训练。

自我认知的三大要素

自我认知通常由以下三大要素构成（图1-3）。

图1-3 自我认知的三大要素

- 基础认知：包括身份、身体状况、情绪状况等自身基础状态的认知。
- 能力认知：正确认识自己能做什么、擅长什么、不擅长什么。
- 价值认知：正确认识自身的价值。

在基础认知中，比如不了解自己的情绪状况，就很难有效地与人共情，有效地沟通和交际。对身份的认知也非常重要，这是一个涉及精神层面的认知，在不同的场合、不同的领域中，需要不断地变换角色，这就需要我们对身份转变有明确的认知。

能力认知是最动态、最难把握的，这是因为能力可以下降、提高，并且是通过比较产生的，认知的过程比较复杂。往往自认为能力不足的部分，很少去拓展，所以就会越来越差；认为自己能力突出的地方，不断实践、展示，就会越来越好。

价值认知是自我认知的最高级部分，很容易产生认知偏差，这是因为它常常受环境的影响，比如基于社会、组织或他人的期望体现出来的价值，往往并不是自我的真实价值观，这种价值往往让人失去了自我前进的方向和动力。

▶ 提升自我认知

经常自省、突破自我"不知不觉"的状态是提升自我认知的关键。以下一些提升自我认知的方法我们不妨借鉴一下。

刻意练习

学习和精进是提升自我认知和能力的重要途径。重点从以下几点进行学习。

首先，明确要掌握的核心技能，通过专业书籍、行业领袖的意见等学习掌握。

其次，制订计划和目标，在完成计划、达到目标的过程中保持专注。

再次，获得持续反馈，将身边及行业优秀的人，作为反馈系统，及时得到反馈。

最后，要长期坚持，既然想要提升，就不能一蹴而就，须长期坚持。

适当停一停

在生活和工作中，对自我进行规范，并不时地停下来想想自己为什么这样做、这样思考，并不断检验和监督自己，控制和引导心智和认知过程。

借助符号

将每天的情绪、身体状况等用不同的符号表示出来，不但能时刻提醒自己留意自身状态，还能对基础认知有清晰的了解。

接触挑战性工作

有意去接触一些具有挑战性的工作，认识到不一样的自己，这样有助于将隐藏的能力激发出来。

达尔文说过："无知比博学更容易给人带来自信。"希望追求成长的你，别被无知蒙蔽了双眼，要记得正确认识自己。

瓦拉赫效应：发现自己的优势点并充分放大

诺贝尔化学奖获得者奥托·瓦拉赫的成才经历可以用"传奇"来形容。中学时，父母为瓦拉赫选择了文学。然而，非常用功的瓦拉赫在经过了一个学期的文学学习之后，老师却给了他"很用功，但过分拘泥，即便拥有完美人格，也绝对不可能在文字上表达出来"的结论。文学路不通，父母又为他选择了油画。可他不善于构图，不懂调色，即便很用功，依然无法理解艺术，以至于成绩垫底，老师的评语更是简单粗暴：瓦拉赫在绘画艺术方面不可造就！

父母对他很无奈，老师也基本持放弃态度，只有化学老师认为他做事严谨，适合做化学实验，于是便建议他学化学。在接触化学后，瓦拉赫的智慧开始迸发，就这样，他一路走上了诺贝尔化学奖的领奖台。

瓦拉赫成功的现象，在人才心理学中被称为"瓦拉赫效应"，它告诉了我们一个非常简单的道理：我们每个人都有自己的优势和劣势，找到自己的优势点，将之充分发挥，便能在人生路上飞快前进。

瓦拉赫最终找到了自己的优势点，因此他成了举世闻名的成功人士。然而，生活中，总有一些人不懂如何去发现自己的优势点，总揪着自己的劣势不放，习惯贬低自己，认为自己一无是处，所做的一切都是徒劳的，尤其是在遭遇挫折或困难时，这种心理更强烈。

人最怕的就是自暴自弃，无视自己的能力，受消极、错误的心理影响，浑浑噩噩地生活。这样的人自然无法突破自己，无法获得成功。因此，我们就要学习瓦拉赫效应，做到以下两点（图1-4）。

正视自己，找到自己的优势点。

肯定自己的优势点，并将优势点不断放大。

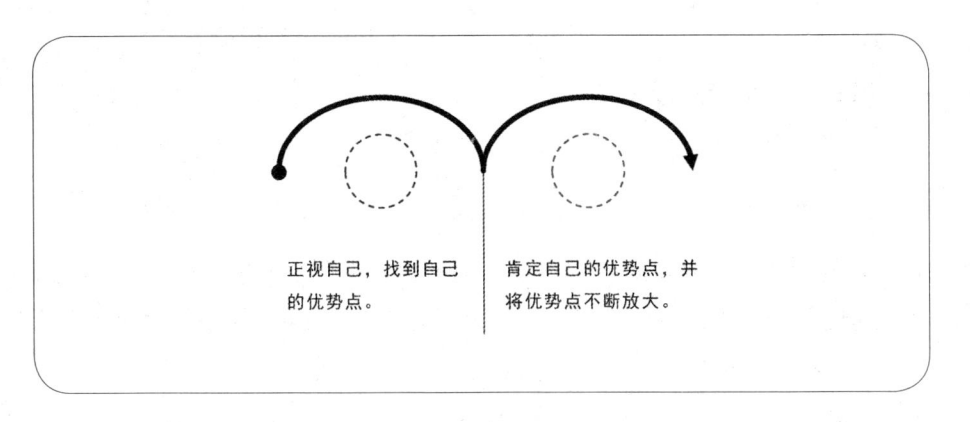

图1-4　学习瓦拉赫效应应做到的两点

想要正视自己，找到优势点，并将优势点无限放大，还需要我们做好以下几点。

发现先天优势

有些人先天就具备一定的优势，主要体现在以下两种情况。

第一种情况，虽然没有接触到，但内心具有强烈的渴望去接触，可以说是特别着迷。比如从《明日之子》中脱颖而出的歌手毛不易，从小就喜欢音乐的他，成长之路与音乐丝毫不沾边，大学更是就读于杭州师范大学护理专业。然而他对音乐的渴望让他在大学期间就参加了校园歌手比赛，并最终成就了如今的毛不易。

第二种情况，接触的时候，发现自己比别人更擅长，领悟更透、更深，学得更快，于是想要继续投入。这种情况也很常见，比如一个人喜欢发明，在一次尝试性发明成功后，便将自己大量的时间和精力放在自主研发上，并且获得了许多专利。

通过以上两种情况，同时结合在不需要任何理由的情况下，完成一件事的过程和完成后的感觉都特别良好，就能发现先天优势所在。

持续的兴趣便是优势

能够一直持续下去的兴趣，最终的归宿就是优势。

曾经有一个保险推销员，她有一个很大的兴趣，就是喜欢跟人搭讪，不管是熟人还是陌生人，她很快便能获得对方的好感。这是因为在不断与人接触中，她总结出了一套"见什么人说什么话"的经验方法。正因如此，自从踏入保险行业，她就经常拿到销售冠军的头衔。

兴趣中藏着优势点，这是很多人所认同的。尤其是像上面提及的推销员，她的兴趣正是她的核心优势。生活中的我们也可以发现自己的兴趣所在，并长期持续下去，最终会演进成最有竞争力的核心优势。

充分发挥优势

在发现自身优势之后，想要突破自我，快速成长，还要让优势得以充分发挥。不妨从以下几个方面来实现。

积极实践，形成正向反馈

在发现自身优势后，还需要通过外界的反馈，确认自己是不是真的具备这些优势，同时可以通过自己的认知，来感受这些是不是自身的优势所在。接下来，就是强化优势了，此时需要提升自身技能，搭建系统理论与知识体系，最终形成能将优势最大限度强化的思维和能力。

改变思维方式，自我激励

很多人在发现自己优势之后的成长，是改变了思维方式，而这种思维我们可以将它称为"主场思维"，即不管是在工作中还是学习中，都以主人翁思维进行思考，为的就是让明天的自己更强大。这样的人会为自己设定目标，包括短期、中期及长期目标，每完成一个目标，都会让他的优势放大，进而能让自己持续优秀，最终获得精彩人生。

为优势匹配行业、企业

首先要匹配行业。行业的选择受个人的价值观影响巨大。一个全心为人民服务的人是不会追求个人利益的，他可能会将自己奉献于为国为民服务的，几年、十几年甚至几十年也不见报酬的行业，但如果一个全心追求经济报酬的人，定会想去利润高的行业。

其次是匹配企业。对职业的期待和诉求是一个人对企业进行选择的关键。是想过风生水起的人生还是平平稳稳的人生，是渴望高风险、高回报的生活还是渴望简单的生活？

匹配好了行业和企业，就可以将自己的优势充分发挥出来，在实现自己的价值的同时，让自身得以快速成长。

无论你以前如何瞧不上自己，请千万记住一句话：你再不济，总有一样是可以的，找到这一点，它就是你的优势，放大你的优势，你就是生活的强者。

焦点效应：别把自己看得太重要

心理学家吉洛维奇做了一个实验，他让康奈尔大学的一位学生穿上某名牌T恤到教室中去，这位学生因为穿着名牌，心里一直想班里的同学肯定都在注意自己身上的这件T恤。但吉洛维奇最后得出的结论是：全班同学只有23%的人注意到了这点，其他人根本就不关心。

——••——

这一实验说明，人们总认为别人会对自己加倍关注，但事实上并不是这样。但这种自我感觉非常重要的心理让我们高估了自己的突出程度，而这种高估周围人对自己外表、行为等关注的一种表现，在心理学上被称为焦点效应。

焦点效应是我们每个人都会有的一种体验，比如在工作中出了一点儿小差错，就总觉得全公司的人都在对自己指指点点，认为自己什么都做不好；或者穿了一件漂亮的新裙子进教室或公司，总觉得全班同学或全办公室的人都在注视自己；抑或在大庭广众之下摔了一跤，认为周围所有人都在笑话自己；在与亲朋好友聊天时，总是不自觉地将话题引到自己身上来，以博取更多的关注……

其实，真正注意到你的人并没有你想象中的那么多，很多时候只因为我们对自己太过关注，才会产生自己到哪里都是焦点的心理错觉。

这种焦点效应会让人觉得自己的一举一动都受着周围人的监视，因此做事往往会畏首畏尾，不敢前进，尤其是在社交场合，这种心理效应会很容易让人产生恐惧感，严重影响了自我的成长和真实能力的发挥。所以，想要突破自己，让自己得以成长，就需要将这种自认为自己很重要的焦点效应规避掉。具体来说，可以通过以下几种方法实现。

褪去光环

虽然自带光环的人不管到哪里都能很快成为那个地方的焦点，但自己却不能被这些光环所左右，认为自己非常重要。此时，心态平和尤为关键，否则的话，说不定哪天就有人代替你戴上了光环。

20多岁时，沃尔特·达姆罗施就当上了乐队指挥，后来成了美国著名的指挥家、作曲家。年纪轻轻便取得了如此骄人的成绩，这位指挥家有些飘飘然，开始目中无人，甚至忘乎所以，认为自己的才华天下第一，无人能及，自己的指挥角色也无人能替代。

然而有一天，乐队要排练了，他发现自己没带指挥棒，在他正要准备叫人回家去取时，他的助手告诉他可以向乐队其他人借用一下。达姆罗施对助手的话深表惊讶，他完全没有想到，除了他怎么可能还会有人带指挥棒？但就在他刚开口问谁能借他一根指挥棒后，马上有三根指挥棒被递到了他的面前，分别是大提琴手、首席小提琴手和钢琴手的。

眼前晃动的三根指挥棒立刻让达姆罗施清醒了过来，他从那一刻开始明白，乐队指挥的位置时刻都有人在准备取代，而且这些人一直都在暗自努力。从那以后，达姆罗施再也不狂妄自大、松懈偷懒了，而是不断地精进自己的技艺。

达姆罗施的例子告诉我们，与其等待别人将自己的光环摘去，还不如自己主动将光环褪去，脚踏实地地做好每一天的工作，让每一天都是新的开始，让每一天的自己都有所成长。

守弱

守弱的本质就是去焦点效应，是克服焦点效应的良药。要做到守弱，须做到以下几点。

尊重强者

要有自知之明，能看到自身的不足之处，对比自己强的人要心存敬畏，然后以强者为标杆，暗自努力，早日让自己达到强者的标准。

懂得退舍

人生在世，是成功还是失败，都在取舍之间。守弱就要懂得主动求退、求舍，退后一步是为了求得更大的进步，舍弃目前的小利是为了换取更多的收获。一味认为自己就是一切的中心，只会让自己停滞不前，失去更多。

别把自己看得太重要

守弱的关键还是不能把自己看得太重要。泰戈尔说过一句话："天使之所以会飞，是因为她们把自己看得轻。"同样，一个人将自己看得不太重要，才能真正摆正自己的位子，正确地认识自我，不矫揉造作，没有高姿态。记住，当自己还没有做大做强的时候，什么都不是。

守弱不是懦弱，更不是卑躬屈膝，而是大智若愚的处世之道，是真正的大智慧、大境界。

将焦点放在核心点上

将焦点效应正用，把精力全部聚焦在核心点上，这样更容易取得事半功倍的效果。比如工作上要攻克一项高精技术难题，或者要集中精力做出一篇文案等，抑或将焦点用在你的竞争对手身上，这样你不仅能进步，还能通过竞争对手得到回馈。

不管是不是已经取得了一定的成绩，也不管自己处于哪个阶层，想要自己再有所突破，继续成长，就不能将自己看得太重要，要学会守弱去焦点，让自己任何时候都处于蓄势待发的零基础状态。

霍布森选择效应：没有对比的选择宁可扔掉

霍布森是英国剑桥的马匹生意商人，他向前来买马的人承诺说，买我的马、租我的马都可以，我给你们很便宜的价格。霍布森的马圈很大、马匹很多，但却只有一个小门，他规定前来买马或租马的人只能站在马圈口选马。俊美、膘肥、壮实的高头大马根本无法从小门出去，而能出去的都是些小马、瘦弱的马和看上去没什么精神的马。前来买马和租马的人，挑来挑去都是一些下等马。但即便如此，人们依然觉得最后自己选到了最好的马，自己做了最好的选择。

这种几乎没有选择余地的"选择"，被称为霍布森选择效应，是著名的心理学效应。它告诉我们，自己非常满意的选择，或许仅是在狭小空间内做的"小选择""假选择""形式主义的选择"。

事实上，思维及选择的空间非常小，而这种思维一旦僵化，自身就很难再有成长。

什么样的环境造就什么样的人生，什么样的思维成就什么样的人生，一个人若在一个没有选择余地的环境中生活，那无疑是自毁前途；一个人若被固有的思维框住，也一样无法突破自己，无法破茧成蝶。一旦陷入霍布森选择效应的困境中，人就会被固有思维左右，很难对自我有正确的认知。

之所以陷入霍布森选择效应以致对自己难以有正确的认知，主要有以下两个原因（图1-5）。

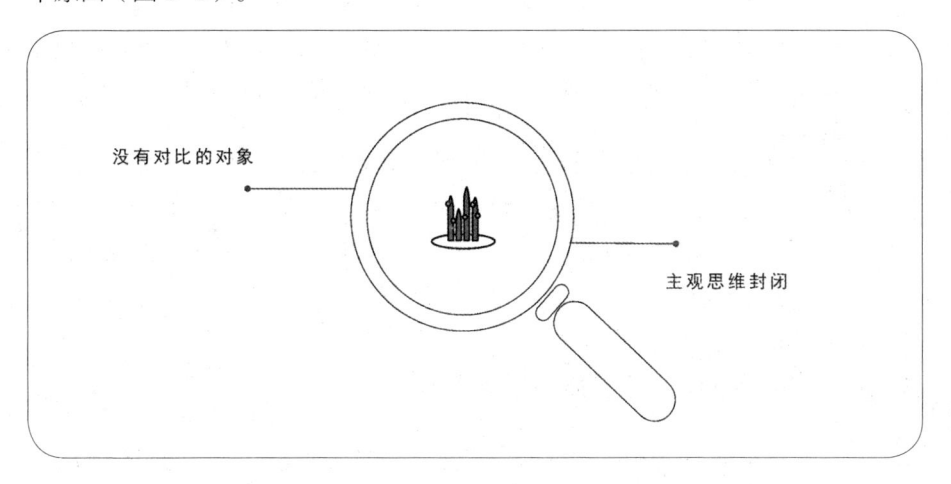

图1-5　陷入霍布森选择效应难以对自己做正确认知的原因

没有对比，就无法区分出好坏、优劣。一个具有"一条道走到黑"的性格的人，做事从来不做更多方案，选中一条路就只顾埋头苦干，从来不想还有没有其他更便捷的路径。如此做事，不但效率会受影响，效果也一样会跟着受影响。所以，在决定做一件事前，或者做某个判断、决策时，一定要提供多个方案供取舍，如果仅是一种方案，又怎么能判断它的优劣呢？对自己的认知也是一样，如果不将自己与其他人对比，或者不将现在的自己与曾经的自己对比，就无法真正认识自己。

有句格言说得好："如果你感到似乎只有一条路可走，那很可能这条路就是走不通的。"曾经看到过一张图片，一个男人很吃力地在前面拉车，另一个人在后面用力推，但仔细一看，他们的车轮是方形的。后面有人给他们递过来两个圆形的轮子让他们装上，这样可以让车跑得更快，然而，两个拉车的人说他们正在很努力地拉车工作，他们一定会到达终点的。这样不求改变、封闭的主观思维，会将人的创造活力扼杀，将人在本质上所具有的多样化、多层次选择性层面存在的可能扼杀，让人看不到客观世界中存在的新的视角、更多的路径。由此就会阻碍人的成长。

想要避免陷入"霍布森选择效应"困境，就需要开阔视野，充分认识和了解周围的世界，尽最大可能克服思维方式上的封闭性和趋同性，通过开放的客观世界改变自己单调的、仅有的一种看法。在《大趋势》中，奈斯比特曾指出，当今时代是一个"从非此即彼的选择到多种多样选择"的时代。一条路走不通，就换一条路走，直到你的创造性能得到充分发挥为止。这就需要个人在成长时做好以下几点。

▶ 遇到问题多拟订几个优质的备选方案

成长路上有诸多的沟沟坎坎，要实现目标，客观上存在多种途径和方法，在遇到问题时，不能畏缩不前，自暴自弃，认为你已经做了所有的努力。事实上，你可能仅用了一种方法，走了一条路，做了有限的努力。如果针对问题再多拟订几个备选方案，通过综合分析，权衡利弊，区分出优劣，选出最优方案作为决策方案，说不定所谓的问题就会迎刃而解了。

▶ 多听取反对意见

为了促进成长，头脑中要有自我及他人的不同意见。自我的意见，是要通过不断思考，将自身存在的各方面问题不断暴露出来，进而不断地完善；他人的意见，是让自己的成长多一些不同人的意见，这些意见可能是对立的，与自己的观点完全冲突，但只有在不同的观点、谈论、判断上，才会做出最好、最正确的选择、判断和决策。优秀的人在做某项选择或决策时，总习惯激发他人的反对意见，让自己不至于成为某一种想法的奴隶，通过这些反对意见，给自己的判断、决策提供更多的方案，让自己从多方面进行思考、比较和选择，同时，这些反对意见还能激发自己的想象力，发现解决问题的新途径，进而从不同角度去最终确定最优的选择、决策方案。

"当看上去只有一条路可走时，这条路往往是错误的。"当陷入霍布森选择效应的陷阱时，要及时改变自己的思维方式，否则影响创造力，也是在阻碍成长。

布里丹毛驴效应：影响你发展的不是运气，是犹豫

法国哲学家布里丹买来一头小毛驴，为了喂饱它，他每天都要向附近的农民买一堆草料。农民出于对哲学家的敬仰，这天专门给小毛驴送来了两堆草料。这下可难坏了毛驴，数量、质量、距离完全相同的两堆草料，到底哪一堆才更好，它无法分辨，虽然有充分的选择自由，但是，他最终还是在两堆草料面前饿死了。

———•• ———

这种决策时犹犹豫豫、迟疑不定的现象，被心理学家称为布里丹毛驴效应。

在生活和工作中，很多人会抱怨自己时运不济，想做什么都做不成，其实很多时候并不是运气不佳，而是犹豫不决让自己错失了太多的良机，不仅白白浪费了时间和精力，最终还导致自己停滞不前，一无所获。

举个例子来说。不喜欢码字工作的张三几番想自主创业，但是一再于创业资金数目较大、创业是否能成功、在哪里创业、自己是不是适合创业等问题间反复权衡利弊，始终没能在创业路上真正行动起来，一晃几年过去，曾经的同学在成功创业的路上越走越远，同事也都已经坐上了管理岗位而越来越优秀，而他依然坐在电脑前做着机械的码字工，而且因为几年时间心思一直飘忽不定，

导致码字也没有任何创意和进步，依然需要在老板的指导和要求下才能勉强完成工作。

所以，不管是在生活中，还是在工作中，想要获得一定成绩，就得改变太多犹豫不决、迟疑不定的思维习惯，抓住良机，让自己的才能得以施展。当然，想要做到这点，首先要弄清楚自己到底为什么遇事经常会犹豫不决、迟疑不定。具体来说，在于以下几个方面的原因（图1-6）。

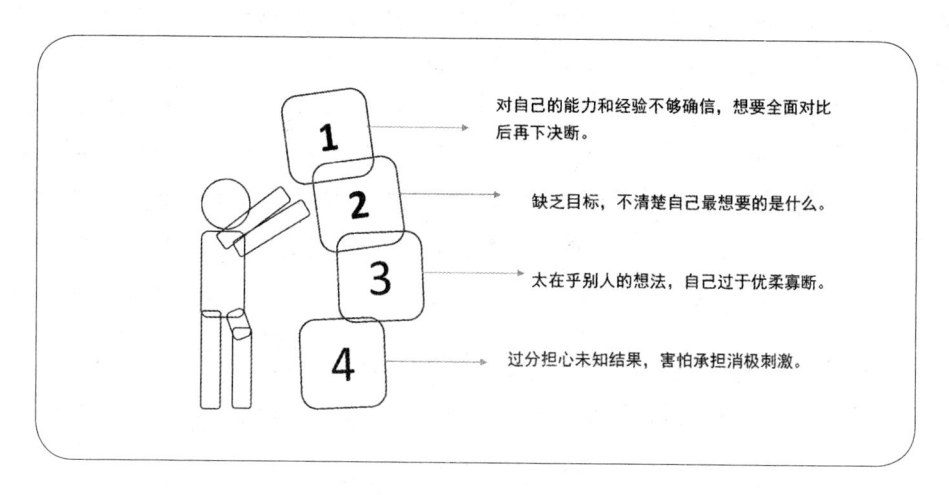

1. 对自己的能力和经验不够确信，想要全面对比后再下决断。
2. 缺乏目标，不清楚自己最想要的是什么。
3. 太在乎别人的想法，自己过于优柔寡断。
4. 过分担心未知结果，害怕承担消极刺激。

图1-6　犹豫不决的原因分析

如果发现自己在做事过程中经常会出现犹豫不决的现象，也曾为此失去过最好的晋升和成长机会，那么也不要苛责自己，因为再卓越的人也会出现迟疑不定的情况，只不过这些卓越者能够找到造成犹豫和迟疑的思维根源，然后解决它。所以，通过以下方法来解决自身的犹豫不决、迟疑不定，你就能成为卓越者。

▶ 不要担心失败

越是追求完美的人，越会在行动上受限，因为会担心结果不够完美而在人前丢脸，这就导致做事畏首畏尾、犹犹豫豫。摒弃完美心态，每走一步，都将自己当作一个新人，不怕失败、不怕输，就算再牛的人也是一步步从失败中走过来的。就像雷军，他经历了9次失败后，才换来了小米今天的辉煌。他曾说，有一段时间，他似乎被整个世界遗忘了。但是，他在这诸多失败面前没有气馁、没有犹豫，一如既往地坚持不懈，最终取得了世人皆知的成绩。

▶ 相信直觉

当犹豫不定的时候，请相信你的直觉。可能你会认为凭直觉做决策太过草率，但就像马尔科姆·格拉德维尔在《眨眼之间：不假思索的决断力》中说过："所谓的直觉，实际上是大量知识与经验的结合。"这也验证了，很多时候，凭直觉做出的决定往往能给人带来莫大的惊喜。

在谈到决策哲学时，乔布斯曾说："我开始意识到，比起抽象思维和逻辑分析，直觉和觉悟更重要。"相信我们每个人都有过一瞬间灵光乍现的时刻，其实那就是直觉的指引。比如在苦思冥想一个文案时就是没有头绪，突然一个念头闪过，马上就有了头绪，这就是直觉的作用。

▶ 听从自己的内心

丘吉尔说过："人的唯一指引是他自己的良心。人的记忆的唯一屏障是他自己行为中的真诚和正直。生活中没有这层屏障是非常不明智的，我们常常因为希望的失落或预测的失误而受嘲笑，一旦有了这层屏障，则无论命运如何，我们将总是在光荣的行列中前行。"在犹豫不决时，请听从自己内心最认可的那个选择。

对需求进行排序

规避模糊的边界感，对自己所做的事情要有清晰的认知。举个例子，一个销售经理的主要需求，也是他最该做的事，就是提高产品销量，然而，朋友有难，需要他的帮助，可一旦帮了朋友，就会影响他整个部门的销售业绩。此时他开始犹豫，不知要不要帮朋友。但最终他意识到了自己首先是公司的销售经理，提高产品销量是他主要的需求，于是他立刻采取了行动，将朋友的事情延后做了处理。

掷硬币决定

心理学家、哲学家威廉·詹姆斯曾说："当你必须做选择却未做的时候，这种情况本身就是一种选择。"他说得没错，如果此时内心被各种选择搞得一团糟，不如用一枚硬币打破自己的心理僵局。这种看似玩笑的方法其实是非常适合选择困难症的。

犹豫不决的内涵其实就是回避，为了不让犹豫不决影响成长的脚步，有时候还要学会"一意孤行"，而且一旦做了选择，就要促使自己在现有条件下尽量取得成功，而不是一再怀疑所做的选择是不是正确。

糖果效应：延迟满足的人都是人生大赢家

20世纪60年代，心理学教授米歇尔做了一个关于"延迟满足"的著名实验。实验中，研究人员找来653名幼儿园孩子，让他们分别待在只有一张桌子和一把椅子的小房间里，不过桌上放着孩子们爱吃的棉花糖。研究人员告诉他们，可以通过以下三种方法吃到棉花糖。

第一种：马上吃掉棉花糖，但只能吃一颗；

第二种：等研究人员回来再吃，可以再多得到一颗棉花糖；

第三种：中途等不住时，可以按响铃要求吃棉花糖。

实验过程对孩子们来说很煎熬，非常想吃棉花糖的孩子们用各种方法抵制诱惑，或捂眼，或背转身，或做一些小动作。尽管如此，依然不到3分钟时间，大多数孩子坚持不住了，有些甚至都没有按铃就直接吃掉了棉花糖。最后，只有大约三分之一的孩子等了15分钟，成功延迟了想吃棉花糖的欲望，得到了奖励。

米歇尔将这一实验称为"糖果效应"，也是延迟满足，指的是甘愿为了更有价值的长远结果，放弃能够即时满足的抉择。

其实，在生活中，每个人都有面对类似"糖果实验"的境况，是想要通过努力奋斗获取更大的成功，还是随遇而安，满足于现状，就在于是不是能够做到延迟满足。有句话说得好，"吃得苦中苦，方为人上人"，想要有所作为，就要推迟满足感，不能贪图暂时的安逸。那该怎么做呢？此时就要重新思考并排列一下享受快乐与感受痛苦的顺序了（图1-7）。

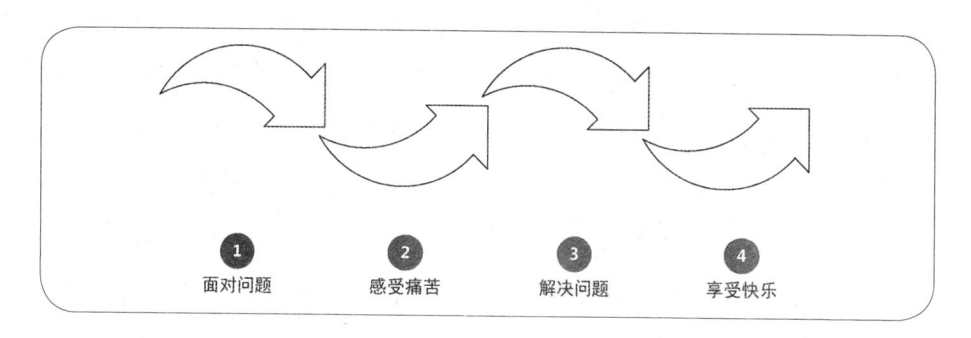

① 面对问题　② 感受痛苦　③ 解决问题　④ 享受快乐

图1-7　重新设置人生感受顺序

在《士兵突击》中，当许三多的家庭出现变故时，高诚对许三多说了一句话："日子就是问题叠着问题。"将阻碍你成长的问题一一解决掉，你面前就是一片坦途。

当然，想要做到延迟满足，单是重新设置"人生感受"顺序，仅仅是拥有了想要改变的意识，而真正做到这一点，还需要有高度的自制力，即自律，这样才能成为人生大赢家。我们再接着来看米歇尔的实验。

糖果实验并没有在孩子们吃完糖后结束，从1981年开始，米歇尔对当时参与实验的653名孩子又进行了追踪调查。当时这些孩子已经是高中生了，调查项目主要对这些孩子的学习成绩、解决问题的能力及人际关系等方面进行了调查。结果显示，当年没能抵住诱惑的孩子，不管在学习上还是行为上都存在较大问题，他们不能面对压力，注意力难以集中，与同学的关系也比较糟糕；而当年等了15分钟的孩子，不仅在学习成绩上比很快吃糖的孩子平均高出210分，在其他方面也表现得非常优秀。

很显然,那些想要得到奖励而控制自己不去立刻享受甜美的棉花糖的孩子,有高度的自我控制能力。孩子们在实验中展现出来的自我控制能力,并不是单纯地等待,也不是一味地压制内心的欲望,而是具备能够克服眼前的困难、力求获取更大和更长远收益的能力。也正是这点才让他们在未来的学习和其他方面表现那么优秀。

日前,一度占据网络热搜的"996"(早上9点上班,晚上9点下班,一周上6天班)工作制,可谓仁者见仁,智者见智,让大家吵得不亦乐乎,马云和刘强东对此都做了回应。马云提出"能996是一种福气",并说他自己一直坚持"12×12"(一年到头每天都工作12个小时)工作制。而刘强东也表示,自己是"8116+8"(每天早上8点开始工作,晚上11点休息,一周6天如此,再加周日工作8个小时),他表示这样的工作状态有"拼搏的快感",还表示在京东"混日子的人不是我兄弟""京东永远不会强制员工995或996,但是每一个京东人都必须具备拼搏精神"。不管是马云,还是刘强东,能够承受如此长时间、高强度的工作压力,其成功的背后,无疑是对工作的热爱及高度的自律在发挥作用。

当然,做到高度自律也没那么容易,还需要以下几点来达成。

🖝 要有关键要素做支撑

想要做到高度自律,有几个关键要素不得不提(图1-8)。

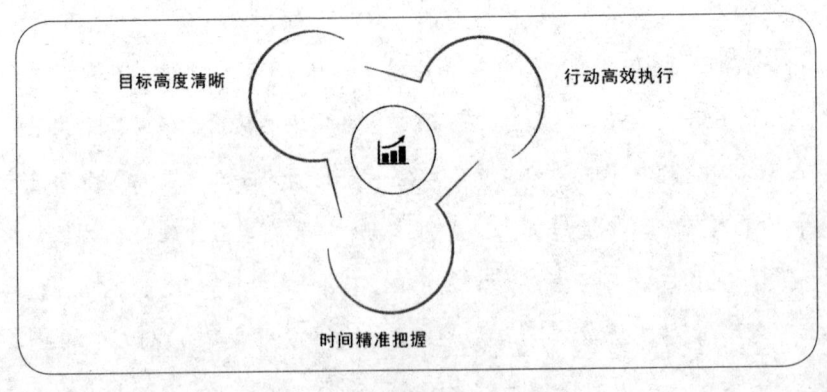

图1-8 高度自律的几个关键因素(目标高度清晰、行动高效执行、时间精准把握)

一个人想要做到自律，首先得知道"为什么"，这就需要制订计划，明确目标，并且目标一定要高度清晰；其次，要精准把握达成目标的时间，远离任何诱惑；最后，遵照计划和时间高效执行，最终达到目标。

将自控力用在刀刃上

对于绝大多数人来说，自控力其实是非常有限的，时间稍长，自控力就不足以抵制诱惑，低落情绪、注意力分散等问题就会占据上风。此时若强行追求自律，强迫自己执行，自控力就会消耗身体能量，而身体能量一低，自控力又被削弱了。因此，强迫用自控力执行计划是不可行的。那该怎么办呢？好钢用在刀刃上！

将更多的自控力用于处理"我想要""我要做"的事情上，也就是目标和执行层面，而"我不要"的部分，则需要抵制诱惑、消耗能量，此时也需要自控力。但为了在这部分不消耗自控力，不妨就给自己一些"糖果"，将诱惑变成适度的自我放松和奖励，如此不但不会消耗能量，反而还是对能量的补充。

比如，你需要5天的时间将一个比较复杂的文案做出来，而你已经连续3天一直在拼命做了，虽然离你所期待的完美结果还有很大一段距离，但你的注意力明显涣散，大脑一片混沌，接下来的文案思路突然断了（此时就到了自律的低谷期），此时与其在混沌中受低效折磨，不妨拿出几个小时的时间来放松，到红花绿树的公园走走，爬爬附近的小山，到河边散散步，哪怕躺在床上稍微休息一下，放空大脑……都能让能量得以恢复。

一天的工作时间也是一样，一天8个小时，甚至10～12个小时，或更多的工作时间，若一直处于高强度的状态下，没有片刻放松，坚持不了几天人就疲惫不堪了，但若是合理分配时间，人的精力就能持续保持比较高的水平，这也是平时大家所说的"劳逸结合"。具体来说，可以用2～3个小时将"我想要""我要做"的事情集中精力做好，做好之后，用半个小时左右的时间来放空大脑，抵制"我不要"的部分。

那些天天说自己人生不得志，空有一腔理想、抱负，却没有施展之地的人，还有那些看到别人研究出一个又一个科研成果，看到别人创业成功，看到别人住着豪宅、开着豪车，认为自己生不逢时、时运不济的人，看看自己属不属于那些"先吃糖的人"。如果是，那么从此刻开始，就培养自己延迟满足的思维吧，对自己狠一点儿，说不定哪天理想、抱负就实现了。

木桶原理：克服人生"短板"，你就是强者

老国王有两个儿子，但是他迟迟不能决定到底让哪个儿子继承他的王位，于是就给了两个儿子每人一些长短不一的木板，要求他们各做一个木桶，并承诺谁的木桶盛的水多，谁就继承王位。

大儿子为了让自己的桶盛下更多的水，从一开始就将每块木板削得很长，这样可以让做出的桶更大，但是让他没想到的是，仅剩最后一块木板时，却比之前的短很多。小儿子开始拿到的木板也是长短不一，但他没有追求最长的木板，而是平均地使用了木板，每块木板虽然没有大儿子的高，但是却比大儿子木桶上最短的那块都高，因此，他的木桶装的水多，最后小儿子继承了王位。

盛水的木桶由多块木板箍成，能盛多少水是由构成木桶的木板共同决定的，若其中一块很短，那么盛水量就会受到这块木板影响，这块很短的木板就成了"限制因素"。由此，美国管理学家彼得提出了"短板理论"，也即"木桶原理"。

很显然，想要盛更多的水，只要将水桶最短的一块木板换掉，换成和其他木板一样高即可。生活中，几乎每个人都存在自己的短板，当发现短板在影响

个人的成长时，就要通过努力将短板补上。当然，人与静态的木桶不同，人在智力、情感、意志等方面有着复杂的交互关系，在提升个人成长时，不能简单单地如木桶盛水一样非得补上短板，也可以通过"扬长"来"避短"。因此，通过木桶原理，我们就能学到以下两点：一是补短板；二是扬长避短。接下来，我们就分别来说一下。

补短板

人无完人，人性中存在许多弱点，比如以下这些（图1-9）。

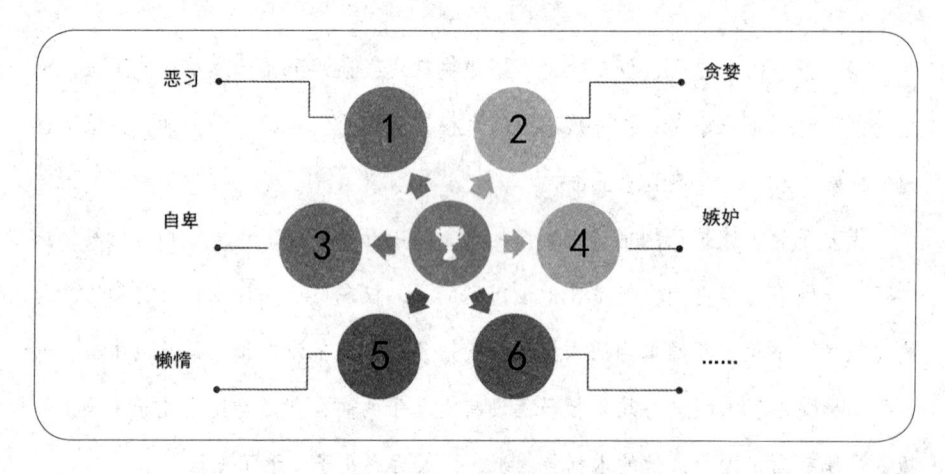

图1-9 人性的弱点

这些人性的弱点都是人的短板，如果不加以改正的话，甚至比木桶的短板更严重，它们更像是烂掉的苹果，必须将之剜掉直接丢弃，否则就会让整个苹果都烂掉。

就拿贪婪来说，贪婪可以侵蚀一个人的心智，若不加以控制、纠正，最终的结果只有失败。就像拿破仑，他统治下的法兰西一度占据了大半个欧洲，成就了法国历史上地域最广、影响力最强的时段，但因为贪婪，他远征沙俄遭遇滑铁卢，再也没能继续当年的辉煌，最终含恨塞班岛。

拿破仑的贪婪导致他最终含恨而死，在如今物欲横流的时代，贪婪的人又何其多呢？简单举个例子，炒股的人，有不少人从中赚到了钱，而更多的人是铩羽而归，究其原因，绝大多数是因为贪婪，都想着能遇到涨停板，或者等再涨一些后抛出，结果失去了最佳的卖出机会，不得不割肉抛售。

再拿懒惰来说，泰勒说过："懒惰等于将一个人活埋！"一个人再怎么有才华，如果懒惰，最终也只有碌碌无为过一生，甚至是穷困潦倒过一生。纵观世界上的那些成功人士，他们没有一个是懒惰的人。比如乔·吉拉德、巴菲特，他们如果每天都躺在摇椅上晒太阳，或者每天都对财经新闻、时事不闻不问，还能成就如今无人能超越的世界上最伟大的销售员及股神吗？还有我们前面提到的马云、刘强东，他们的成功是偶然的吗？他们的"12×12"和"8116+8"的工作制，不正是勤奋的体现吗？

所以，想要成为强者，若发现自身存在以上诸如懒惰、贪婪、嫉妒、自卑、骄傲等弱点时，唯一的办法就是努力克服，补上这些短板。

▶ 扬长避短

我们不是木桶，如果我们的"长板"足够"长"，那我们完全可以将更多的精力用来继续加长长板，以规避短板的不足。这点在生活中的例子比比皆是。

就拿NBA球员来说吧，很少有全面型球员，但他们的精彩却让世人瞩目，这其中的原因，除了团队合作之外，自然少不了他们各自的优势。比如勇士队的当家球星库里，熟悉他的人都知道，他最擅长的就是三分球，就像解说员说的那样，任何距离、任何时间，都是他的投篮点，哪怕被高出他很多的几人围堵，哪怕在半场距离，哪怕已经被防守逼得要躺在地面上了……只要他想投，他总能创造出令人不可思议的、超高难度的进球。然而，1米91的他，曾被认为身材过于瘦弱矮小，不适合超高强度对抗的NBA职业篮球赛；而他的脚踝也因频频受伤给他制造麻烦，不是让他赛季报销，就是让他错过比赛。可以说，无论是身材，还是脚踝，都是他NBA职业篮球生涯的致命短板。虽然在训练中，他也在不断进行力量对抗训练，但他更多的是不断加强三分球练习，不断加强两分抛投练习，不断加强技术、技巧。由此才成就了如今的当家球星地位，才避免了被脚踝所累的困局。

再有勇士队的格林，熟悉他的人都知道，进攻是他的短板，防守是他的优势，而他的防守对勇士队接连拿下的几个冠军是功不可没的。

还有上面说到的乔·吉拉德，他天生口吃，这是销售的大忌，然而他勤奋，他善于聆听客户的需求与问题，为此规避了他口吃的短板，成就了至今无人超越的成绩。

每个人都有自身的长处和短处、强项和弱项，当短处、弱项成为阻碍我们成长的人性弱点时，我们就要去纠正；如果短处、弱项还构不成致命性的成长阻碍，就不妨将主要精力和资源都用于自己的优势领域，让自己的特长发挥到极致，以达到扬长避短、扬长补短、扬长克短的状态，不用过于追求十全十美，毕竟在搞航空航天技术研发的同时，你无法再去进行水稻产量提高的研究。

蝴蝶效应：别让小毛病阻碍你的成长

洛伦兹想要通过计算机求解13个方程式，它们是用来仿真地球大气的，目的是高速运算出准确而长期的天气预报。在一次计算时，他将0.506127这个初始数据的小数点后的第四位进行了四舍五入，得到了0.506，以此进行了一次计算；然后又提高精度，根据0.506127进行计算，结果显示，两次计算的结果相差很大，由计算结果得出的天气预报的两条曲线的相似性也完全没有了。经过再次验算，洛伦兹最终发现，虽然仅是差了微小的数值，但是误差却以指数形式在增长，因此，才造成了截然不同的后果。通过这一现象，他表示，大气运动过程中，就算是各种偏差和不确定性很小，依然会因为过程中的积累，让结果不断出现更大的变化，而应用在大气中，哪怕是微小的气流，最终也能形成巨大的大气运动。

于是他得出了最终的结论：事物发展的结果，对初始条件有非常强的依赖性，他将其称作混沌，又称为蝴蝶效应。

蝴蝶效应的由来，也缘于洛伦兹的演讲和论文中用了非常富有诗意的蝴蝶。他说："一只南美洲亚马孙河流域热带雨林中的蝴蝶，偶尔扇动几下翅膀，可以在两周以后引起美国得克萨斯州的一场龙卷风。"一只小小的蝴蝶扇动翅膀的运动,会产生微弱的气流,因而引起周边的空气或其他系统产生相应变化,由此就会引起一个连锁反应,最终导致其他系统的极大变化。蝴蝶效应虽说是混沌学的比喻,但也是一个微小行为能引起一连串巨大反应的真实反映。

就拿西安女车主坐在奔驰车引擎盖上哭这件事,不过是女车主买辆车给自己作为生日礼物,没想到车还没出 4S 店就出现了漏油现象。这件事本身不是什么大事,4S 店合理解决一下,退贷或换货都可以将这件事平息,没想到的是,4S 店不退不换,最终逼得女车主又哭又闹,而最终结果就是,女车主的哭闹让奔驰在全世界范围内陷入了一场"地震"。面对宝马、奥迪在全球市场的进击,好不容易迎头赶上、才站稳三大豪车之一地位的奔驰,在这次"蝴蝶"扇动的影响下,仅仅几天的时间,就在财务数据和股价上有了很大反应,不仅如此,还连带汽车板块整体市值也蒸发了约 137.25 亿元。

那在我们的成长过程中,又该如何规避这些微小问题引发连锁反应呢?这里就给大家推荐一个非常有效且简单的方法(图 1-10)。

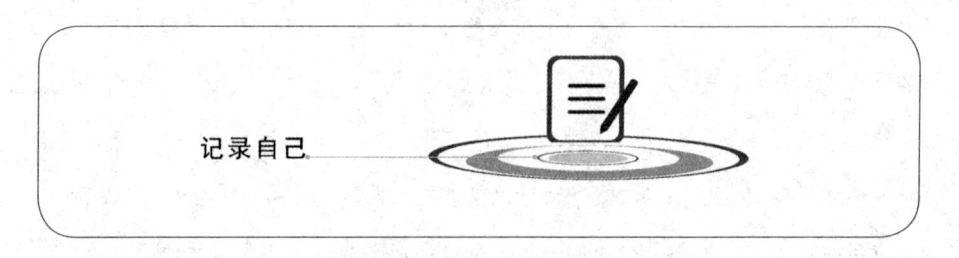

图 1-10 去掉微小毛病的方法

想要发现自身的小毛病,就要对自身有明确的认知,此时,我们就要认真关注自己、认识自己,每天记录自己。那该怎么记录自己呢?具体来说,需要做好以下几点。

▶ 记录内容翔实且有侧重

记录自己不同于记日记，不能只记一天中具体的事件，更要有具体的记录事项，比如情绪的改变、心态的变化、与初衷有偏差的行为、有哪些进步、有哪些须改进等，甚至涉及身体健康的过敏源、体重、体脂、健步走的步数等。总之，记录时内容要尽可能地翔实，包含健康、饮食、情绪、工作、社交等方面。

当然，记录中，须有所侧重，这个侧重要根据你最关注、最在意的点来确定。比如，女生非常在意自己的体重，每天多吃一口饭，可能夏天就没办法穿裙子了，此时就可以将体重的变化作为每天记录的重点，同时还要关注饮食情况。又如，有的人喜欢别人的夸赞，那么就记录下别人夸赞的话语——给人温暖的感觉、皮肤好、大气、爽朗等，将其一一记下来，将这些继续发扬下去。

具体记录操作可以采用表格的形式，可以借助 Excel 表，也可以采用手账的形式，总之，采用一种自己喜欢且不觉得给一天的生活带来负担的方式记录。

▶ 坚持记录

记录一天容易，因为不用太过耗费心神，然而长期坚持记录就比较困难了。这就需要找到一个能够激励我们坚持记录的方法。在此为大家推荐阶段记录法和复盘。

阶段记录法，就是设置一个时间段，可以是一周，也可以是两周或一个月，作为一个单位记录周期。

接下来，每结束一个阶段记录周期之后，就对自己做一次复盘。在这个过程中，可以看到自己的成长或不足，而复盘的过程和结果就可以带来满足感和成就感，能够激励自己继续记录下去。同时将每次复盘结果作为一次新的起点。

坚持记录，你会发现自己是一个认真、用心生活和工作的人，你会越来越爱自己。

通过记录，并在记录过程中不断复盘，自身存在的所有毛病、问题，都能

——暴露出来，同时兴趣爱好、优势劣势、处事原则、工作思路等，都能一目了然。更重要的是，在这个过程中，我们能够找到最适合自己的最为舒服的生活方式，而这正是让我们变得越来越好的基础。

第二章
目标思维：决定你走多远的关键指标

或许我们都会有那么一刻：觉得遇到了困难，无法继续前行，或者不知道该往哪里前行。此时，我们首先要做的就是赶紧将思维聚焦在目标上：问问自己正在哪里；要去什么地方；去这个地方需要做些什么；在到这个地方之前，我们自身还缺少什么……当思维从困难调整到结果上，心中有了愿景，很自然地就会专注于愿景，此时一切困难都将成为前进的斗志，一切挑战都能变成机遇。

目标效应：知道自己去哪儿，全世界都会为你让路

美国哈佛大学的教授做过一个非常著名的实验，是有关目标对人生影响的跟踪调查实验，调查对象是一群条件相当的年轻人，他们在智力、学历、环境等方面都近似，不同的是，在这群年轻人中：60%的人目标模糊，27%的人没有目标，10%的人有清晰但短期的目标，3%的人有清晰且长期的目标。

这项调查研究一直持续了长达25年的时间，结果发现：当年3%有清晰且长期目标的人，25年来，一直朝着当初的目标努力，几乎从未改变过，并且经过这25年的时光，他们有的成了成功的创业者，有的成了行业中的领袖，有的成了社会精英……总之，他们都成了社会各界顶尖的成功人士；当年10%有清晰但短期目标的人，25年后，他们中大多都生活在社会中上层，从事工程师、律师、医生等职业，是各行各业不可或缺的专业人士，他们不断达成短期目标，由此生活状态也在不断稳步上升；当年60%目标模糊的人，25年后，他们大多生活在社会中下层，没有突出的成绩，仅是平淡、安稳地生活或工作；当年27%没有目标的人，25年中，几乎一直都生活在社会的最底层，不管是生活还是工作，都显得很不如意，甚至需要依靠社会救济度日。

这个长达 25 年的调查研究结果告诉我们：不管当初你多么优秀，如果没有清晰而明确的目标，最终都将一事无成，而有清晰目标的人，则一直都能朝着目标努力，最终都能成为成功人士。这就是美国管理学家约翰·卡那提出的目标效应。

爱默生说过一句非常经典的话："一个人只要知道自己去哪里，全世界都会给他让路。"现在问问自己，我们是不是马上就能说出自己的目标呢？是不是非常清楚自己要什么呢？如果还不能，那就马上停下手头的事情，立即思考一下自己的目标到底是什么。一旦确立了目标，你会发现你的人生开始变得有意义，并且你更愿意为此做出改变，具体如下（图2-1）。

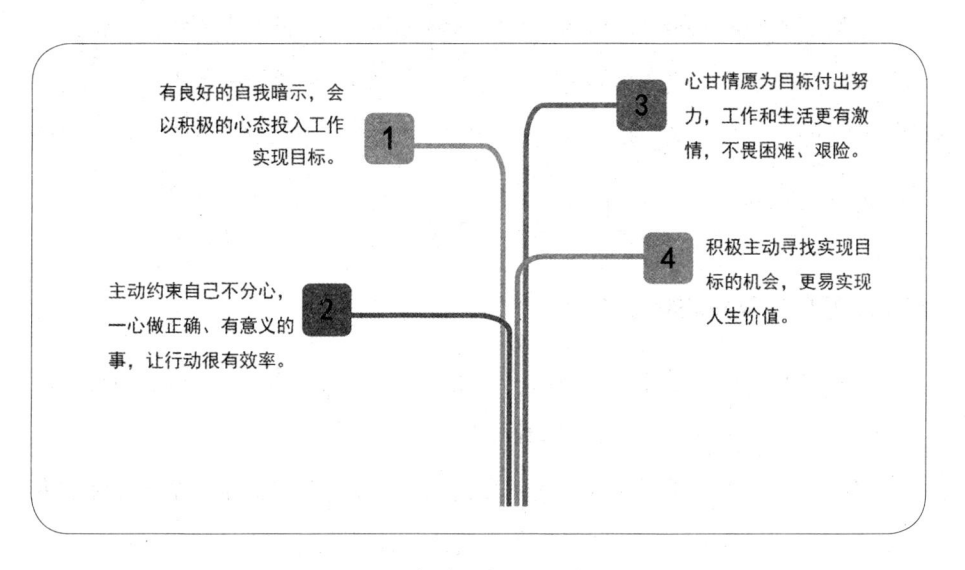

1. 有良好的自我暗示，会以积极的心态投入工作实现目标。
2. 主动约束自己不分心，一心做正确、有意义的事，让行动很有效率。
3. 心甘情愿为目标付出努力，工作和生活更有激情，不畏困难、艰险。
4. 积极主动寻找实现目标的机会，更易实现人生价值。

图2-1　有目标的人会有的改变

那如何才能确立目标呢？这就要做到以下几点，来寻找和建立人生的目标。

给自己适度制造一些焦虑

对自己的状态不满意，对现状不满意，却也说不出到底自己想要什么……

此时其实就是对自我否定的时段，意识到自身存在问题，但迷茫，没有方向，此时不妨人为制造一些焦虑。焦虑本身就是一种自我保护、自我进化的机制，是对自我的一种有益提醒，到底在为什么而活？在为什么而工作？在为什么天天挤公交、做苦逼"搬砖工"？……只要不过度焦虑，或者不一味沉湎于无效焦虑中，你就能从焦虑中得到进化，找到解决问题的办法，让你的前路变得越来越清晰。

摒弃"依赖心理"

在没有目标时，人们都想马上有个高人或贵人能帮自己"指点迷津"，带来一盏明灯照亮前进的路，这本身就是一种依赖心理，试图指望他人替自己找到答案。高人或贵人或许真的有，即便遇到了，也仅能给予一些点拨、一些启发，人生的目标和意义之是必须自己来找的，只有我们的自我觉知才能真正拨动内心"我想要什么"的弦。

不断自我寻找和重新定位

找寻目标的确不是件很容易的事，此时不妨从最简单、最直接、最有效的判断标准做起——做什么可以让我快乐！

不过，快乐会随着人生的变化而变化，其内涵和外延都是一个阶段性的变量。比如刚大学毕业时，可能写一本书就能给你带来很大快乐，因此你为此非常努力。但是当书写出来后，那种写书的快乐就会渐渐消退，此时就要寻找新的快乐，而寻找快乐的过程，其实就是不断自我寻找和重新定位的过程。

这个过程中，最重要的事情就是做好当下每一件让你快乐的事，同时，要将当下与未来三年、五年、十年，甚至更长时间联系起来，看它是不是能给未来的这段时间带来积极的影响。比如，当下最吸引你的就是中医知识，那么，你将大量精力投入学习、研究中医知识的同时，有没有想过未来几年想要通过中医治病救人呢？是不是以后的每天都想与中医、中药、患者为伍呢？如果是，你的目标基本就明确了；如果不是，那么肯定还有更让你迫不及待想要去做的事情。总之，在不断地自我寻找和重新定位中，目标就会清晰浮现出来。

▶ 为自己写墓志铭

墓碑很小，上面只能写寥寥数语，但对于寻找目标的人来说足够了！因为这寥寥数语正是你最想去做的，而这也正是你的人生终极目标。不一定非得是改变世界的伟人，可以是尝尽天下美食、阅尽天下美景的美食家、旅行家，可以是个好父亲、好丈夫、好母亲、好妻子，可以是保护地球的志愿者，可以是有独特美妙歌声的歌手，可以是传播知识的园丁，可以是主持公平、公正的法官……关键就是看你最想在墓碑上留下什么。

人生的目标和意义不会等着我们去发现，而是需要我们主动去寻找和建立的，它是向内探索寻找的过程，又是自我建立和赋予的过程，在我们还没有找到它之前，更需要的是我们的耐心，直到真正找到那条整个世界都在为我们让开的路。

洛克定律：目标重要，实施目标的步骤更重要

美国管理学兼心理学教授洛克通过研究发现，当目标有一定的指向性和挑战性时，是最有效的。

这就是洛克定律。它告诉我们，设置目标固然重要，但有具体方向的适合自己的目标，以及有具体的实现目标的步骤更为重要。

在每个人的成长道路上，都不会缺少目标，但有些人通过努力实现了目标，有些人却没能实现目标，这其中的原因大多就在于目标设置得不合适，或者实现目标的步骤不明确。下面我们就来具体看一看。

▶ 什么是合适的目标

每个人都有自身无法让别人模仿的优势和特点，因此，在设置目标时，并不是越高越好，而一定是适合自己的，然后在自身优势和特点的基础上，去制定实现目标的步骤，这样才能让自己更快、更顺利地成长，也更易让自己达成目标，获得成功。

那么，什么样的目标才是合适的目标呢？按照洛克的说法，可以从以下两个因素分析（图2-2）。

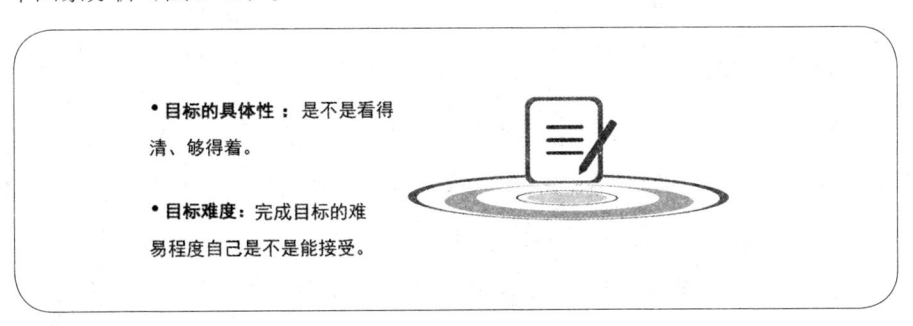

- 目标的具体性：是不是看得清、够得着。

- 目标难度：完成目标的难易程度自己是不是能接受。

图2-2 目标是否合适的两个因素

也就是说，目标有具体的指向，清晰明确，并且是自己通过努力就能够达到的、完全可以接受的，就是合适的目标。

实施目标的步骤

在了解了什么是合适的目标以后，就要制定实施目标的步骤了，我们也可以称其为实现目标的"规划思维"，有了这种思维，想要成功实现目标就有了清晰的行进路线了。那到底在实施目标时需要经历哪些步骤呢？（图2-3）

第一步 明确目标　确定目标实现条件　第二步　第三步 满足条件的方法　分解量化　第四步　第五步 优化计划

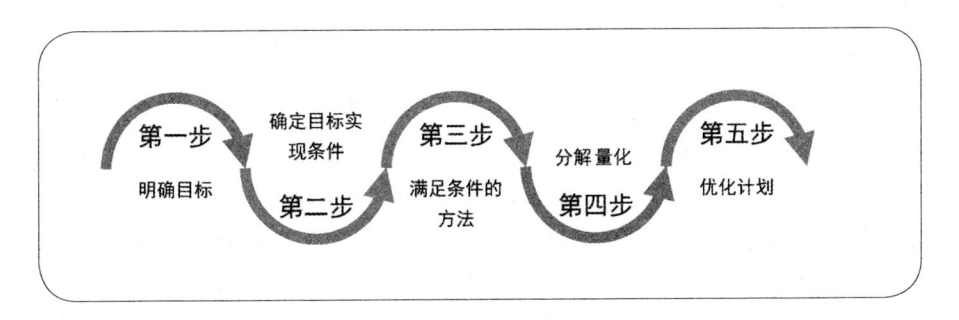

图2-3 实施目标的步骤

通过图2-3，我们看到在实施目标的过程中需要五个关键步骤，接下来，我们就具体来说说每一个步骤。

第一步：明确目标

明确目标，也就是明确你想做什么、想成为什么样的人、过什么样的生活等。前面我们说的写墓志铭，其实质就是在明确目标。当然，在明确目标时一定要注意是适合自己的，不可不切实际。

在确定自己的目标时，不少人可能会感到迷茫，不知道自己到底想干什么、能干什么，此时最忌讳的就是着急、紧张，最需要的就是花上一点儿时间和精力，深挖自己内心深处最向往的东西。或许是一种工作，或许是一种生活方式，这个深挖的过程非常重要，但不管怎么说，内心深处的向往一定是最吸引你欣然前往的地方。

第二步：确定目标实现条件

确立了目标，接下来就要明确达成目标需要满足的条件，也就是说，如何才能让自己的想法通过行动变成现实。

举例来说，某科技大学的高才生张先生，毕业两年后一直在北京某高新技术型企业工作，因为不是北京户口，张先生一直想通过自身的努力落户北京。于是，他开始关注外地人在北京落户的条件。而2019年北京户口落户出新政策后，他觉得机会来了。

因为很显然，2019年北京落户的政策重点是体现在人才引进方面，而其中一条就是科技创新型人才可以落户北京，不过，具体还需以下两个条件：

一是在北京市行政区域内的科技创新主体中担任重要工作，包括创新型总部企业、高新技术型或新型研发机构等。

二是近3年的应税收入须每年都超过上一年度全市职工平均工资的一定倍数。

但是张先生还仅是做一些助理的工作，于是他开始准备在工作上创出佳绩，力争在 3 年时间内落户北京。

如果你在确立了目标之后，还无法将达成目标的条件、要求等列得清晰、完整，可以到网上搜一下相关的资料，也可以向有关方面的专家等请教。

第三步：满足条件的方法

确立了目标，也明确了达成目标所需要的条件，那么接下来就要满足这些条件了，即开始行动！这一步是整个目标实施过程中最重要、最关键的一步——必须有具体的、可实施的办法。

还是举例来说，小赵大学毕业后先是到一家公司工作了两年，但他的志向是做一名真正能够为人民做实事的公务员，因此，他准备考公务员，也了解了报考条件，于是便开始为公务员考试做准备：去图书馆购买了与公务员考试相关的书籍，报名学习了公务员的课程，同时他还每周都做三套模拟真题进行演练等。

在行动过程中，还要针对目标不断进行自我反思，比如距离目标还差什么，如何在之后的行动中去弥补等，以找到最适合自己达成目标的方法。

第四步：分解量化

为实施目标制订了行动计划，虽然有些人也行动了，但最终还是渐行渐远，究其原因，很多是没有注意行动计划的"有效性"，也就是在实现目标的过程中不懂分解量化。

怎么分解量化而让行动计划有效呢？

可以采用业界通用的"SMART"原则，即英文 Specific（具体）、Measurable（可衡量）、Attainable（可行性）、Relevant（相关性）、Time-based（时间期限）的缩写。在这一步中，最重要的就是要关注 Time-based，也就是时间期限，即在什么时间、完成目标到什么程度。

举个美女减肥的例子，美女想要在一周内减 1 千克体重，这就是对目标的一个量化。

具体的分解量化方法，我们在后面的节点中会有详细的内容呈现给大家。

第五步：优化计划

在实施计划的过程中，通过量化，达到某个时间点时，要及时做反馈，看完成的效果是否达到了预先制定的目标，是没有达到，还是超出了预期。根据反馈不断地优化行动计划。这一点我们在后面也会详细说到。

以上五个步骤适用于我们所有的生活和工作，学会用这种思维指导我们的工作、生活，我们定能获得成功的人生。

跳蚤效应：不画地为牢，你可以跳得更高

生物学家做了一个有趣的实验：他找来一只跳蚤和一个敞口玻璃杯，并将跳蚤放入杯中，跳蚤很容易就从玻璃杯中跳了出来。然后他再把这只跳蚤放到一个加盖的玻璃杯中，结果因为一次次碰起一次次撞壁，最后，这只跳蚤竟根据瓶盖的高度来调整自己所跳的高度了。当一周时间过去，生物学家取下瓶盖后，跳蚤依然没再跳出来。

心理学家将这种因为调整了高度就不再突破的现象称为"跳蚤效应"。它告诉我们，在给自己设定目标时，一旦确立了高度，并且适应了它，就不愿意再改变。

生活和工作中，不少人就像这只跳蚤一样，给自己的人生设了限，不去追逐更高的梦想，不是没有能力，而是在心里给自己设置了一个"固定高度"，然而，这个"固定高度"往往会限制人们成长的思维和高度。

我们内心深处都潜伏着巨大的能量，这些能量需要有一个高目标激发、唤醒。美国行为学家 J. 吉格勒提出过这样一个观点：设定一个高目标，就等于达

成了一部分目标。有许多人一生无所建树，不是因为他们的能力不够，而是因为他们给自己定的目标不足以将他们全部的潜能都释放出来。

很显然，给人生目标设限，就是给自己设了限，它会给我们带来以下几个方面的负面影响（图2-4）。

画地为牢，抹杀自身潜能，不敢突破，失去了获取更大成功的机会。

害怕改变，不愿意固有模式被打破。

没有创新的激情。

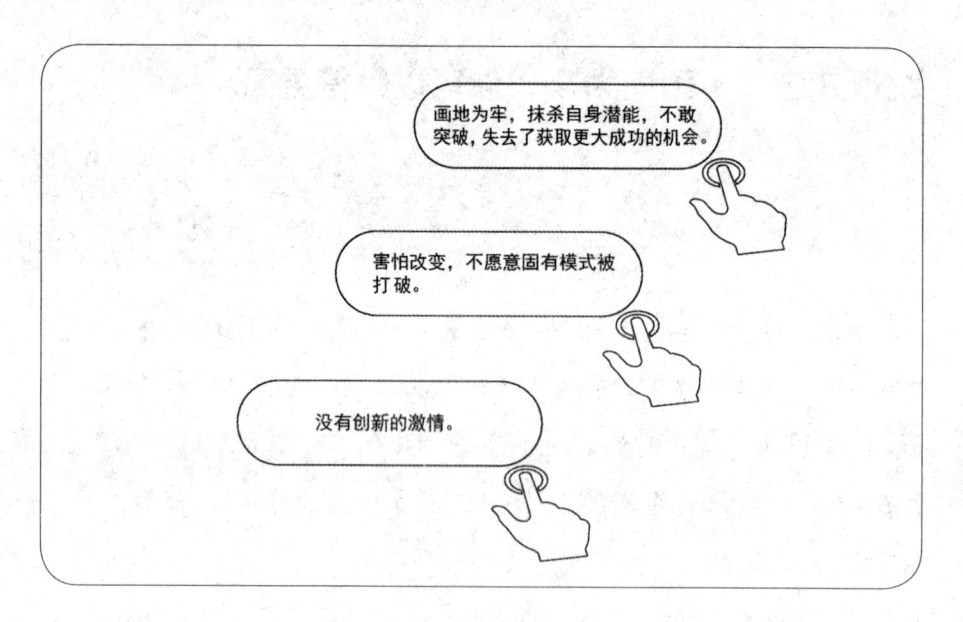

图2-4 给目标设限的负面影响

无论是画地为牢，还是害怕改变、没有创新的激情，都会阻碍人的成长。只有敢于突破，才能换来精彩人生。

就如美国著名影星史泰龙，他从小因为生活环境的原因，常被人们叫作"小混混"，很长一段时间，他就真的认为自己是"小混混"。可是，随着他的成长，他突然意识到不能以"小混混"的身份混一生，他要改变，要成功。

没有学历、文凭、技术、金钱的他，在想不出任何出路的时候，他想到了当演员。当然，无论是外貌，还是专业、经验，他都不符合演员的条件，也不具备演艺天赋，于是他被无数次拒绝。但是要突破、要成功的信念驱使他一次次去找导演、找制片人……最终，在被拒绝了1200多次后的一天，一个曾拒绝他20多次的导演给了他一个机会，也正因为这个机会，让他后来成了好莱坞当红演员。

其实，生活中，能够突破自己设的限做出改变的人并不多，但想要人生高度更进一步，就必须打破心理枷锁，突破自己设的限制。那么，我们又该如何去突破自己呢？

进行自我剖析

想要突破自己，首先要全面剖析自己，弄清楚自己到底具备哪些优势、哪些劣势，哪些需要学习加强，哪些需要摒弃，哪些必须做出改变。可以参照周围的人，也可以参照心中的"另一个自己"，让自己首先能直观地认识自己，同时大致有一个尝试、突破的方向。

设定一个高目标，但一定要清晰

对自我剖析完成后，就要下决心成为那个样子了，也就是需要开始设定目标了。目标可以设得高、远，可以是准备通过五年、十年实现的目标，但一定要清晰，否则很难坚持到最后。

这里给大家举一个真实的案例。

1952年7月4日的清晨，加利福尼亚海岸被浓雾笼罩着，34岁的费洛伦丝·查德威克正在海岸西边的卡德林那岛上，准备涉水进入太平洋，向对面的加州海岸游过去，若能成功，她将是游过这个海峡的第一位女性。而在此之前，她已成功游过了英吉利海峡，并且是世界上第一位游过此海峡的女性。

除了有浓雾，海水还很冷，她的身体被冰冷的海水刺得发麻。时间一点点过去了……15个小时后，她觉得她不能再游了，于是便叫人将她拉上船去。而另一艘船上，她的母亲和教练告诉她加州海岸已经很近了，再坚持下就能成功游过去了，可她抬眼望向加州海岸，除了浓雾什么都看不见。她放弃了——距离目的地只有半英里时，她放弃了！后来当她得知这一消息后，她说："打倒我的不是疲劳，不是刺骨的冰冷海水，而是浓雾中看不到的目标。"

费洛伦丝·查德威克一生中只有一次放弃，就是这次。两个月后，她再次游这一海峡时，她成功地游了过去。而那天，没有浓雾，加州海岸清晰可见！

费洛伦丝·查德威克的例子恰恰就说明了目标一定要清晰，看得见的目标才更有动力去实现。

准备行动方案并开始行动

有了目标，就要朝着目标开始行动。但是短期目标还好说，对于长期目标来说，尤其是五年、十年，甚至更长时间的目标，要想达成它，除了努力以外，更多的还是不忘初心、始终坚持的意志力。这个过程很漫长、很辛苦，也很容易摧毁人的意志力，所以，需要提前准备行动方案，可以将长期目标和短期目标相结合。比如可以拟订一个计划，设想一年内达到一个什么高度，第二年在此基础上，再达到一个什么样的高度，让每一年都是新的一年，这样就可以让自己一直有进步。而且这种短期目标的达成会带来成就感和满足感，它们会转化成继续迈向更高高度的动力。

画地为牢的人生终归是乏味的，只要生命不老，我们就不会停下前进的步伐。

蔡戈尼效应：增强目标感，别让你的努力半途而废

心理学家蔡戈尼在1927年做过这样一个实验：他找来一批受试者，将他们分为甲、乙两组，同时演算一道数学题。其间，蔡戈尼让甲组受试者顺利完成了演算，而中途下令停止了乙组受试者的演算，接着分别让两组回忆刚才演算的题目。回忆中，乙组受试者对演算题目的记忆明显优于甲组，因为未完成的不爽深刻地留存在了乙组受试者的记忆中，一直放不下，而已完成的甲组受试者，"完成欲"得到了满足，反而对演算题目没太多印象了。

———•• ———

这种解答未遂、深刻留存于记忆中的心态就被心理学家称为蔡戈尼效应。

有关蔡戈尼效应还有一个小故事，说的是一位作曲家爱睡懒觉，妻子为了让丈夫早点儿起床，便在钢琴上弹出了一组乐句，但只弹了头三个和弦，最后的和弦没有弹出。睡懒觉的作曲家听到这个不完整的乐句心里非常不爽，于是马上从床上爬起来将最后一个和弦弹完了。

这个小故事也说明了蔡戈尼效应有迫使一个人一定要完成某件事的作用。而对于一些人来说，推动工作完成的驱动力，恰恰就是蔡戈尼效应。不过也有

一些人，他们会走向两个极端，或者拖拖拉拉永远也完不成某事，或者一口气将事情做完。这也导致蔡戈尼效应容易让人走入两个极端：一个就是驱动力过强，有"不到黄河心不死"的偏执，面对任务一定要一口气完成，其他任何事情都不在意；另一个就是驱动力过弱，拖拖拉拉，时常半途而废，永远也无法完成一件事。

我们自然不主张过分强迫，当然更不愿意看到做事拖拉，这对于目标的达成无疑是极其负面的，白白浪费了时间和精力不说，既定的目标永远不能实现，人生的价值完全体现不出来。面对这种情况，我们就要让我们的目标感增强，不让自己的努力半途而废。而且目标感强的人，在生活和工作中，对压力的反应更具弹性，更容易获得成功和幸福。具体该怎么做呢？下面几点方法供大家借鉴。

增强目标驱动力

驱动力不足，人们就会慢慢放弃目标；为了完成目标，按照原来既定的航线继续前进，就要增强驱动力。具体增强方法如下（图2-5）。

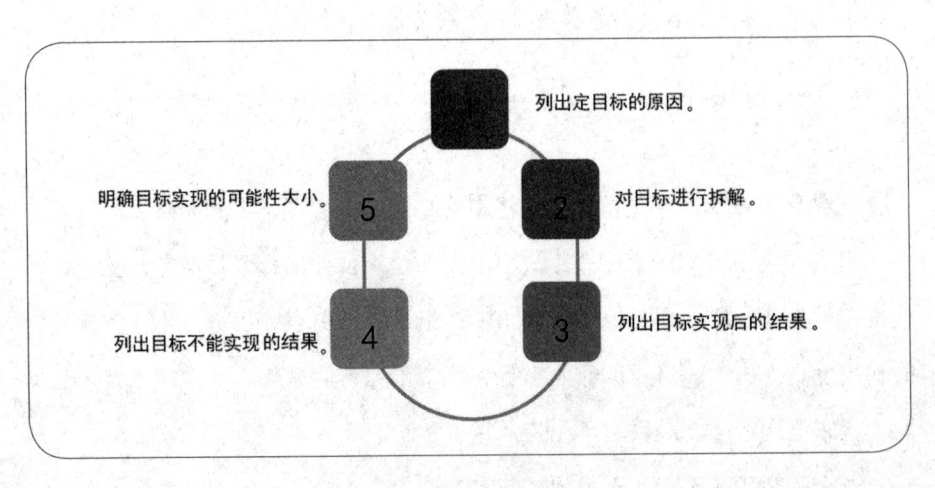

```
1. 列出定目标的原因。
2. 对目标进行拆解。
3. 列出目标实现后的结果。
4. 列出目标不能实现的结果。
5. 明确目标实现的可能性大小。
```

图2-5　增强目标驱动力的方法

针对目标列出至少 10 条原因，写出为什么当初定这个目标。

拆解目标，明确短期目标、中期目标、长期目标各是什么。

若目标达成了，会发生什么，得到什么。

若目标未能达成，会产生怎样的结果，对你的人生有怎样的影响。

目标实现的可能性有多大，其中的主要阻力是什么，能不能通过努力去克服。

将以上诸多项目列出来的目的就是为了强化目标感。

▶ 将目标图像化

以文字的形式来记忆目标，效果是很弱的，记忆也难持久，但如果将对目标的描述从文字转化成具体的图像，让它时常出现在大脑中，则会对目标的记忆既深刻又长久。比如你想要买一套属于自己的房子，如果仅是以文字的形式出现在脑中，没有具体的形象，它的激励作用可能就会弱很多，但如果脑中总是出现你理想中的房子的整体形象，甚至房间的温馨布置、修剪整齐的花园、阳光洒下来的阳台……那么，为此而努力的动力是不是更强呢？

也可以通过手绘或图片的形式，将自己的目标描述下来，贴在房间最醒目的地方，每天都能看到它，这样目标感会一直很强。

▶ 记录目标

与转化成图像不同的是，记录目标还是要将目标文字化，只不过是将大脑中的记忆誊写在本子上，每天晨起都将目标在本子上写一遍，以重复提醒自己。也可以设置手机提醒，每天都让自己看到想要实现的目标。

▶ 走出舒适区

很多人步入舒适区就不想再前行了，结果导致目标总也无法实现，一拖再拖，结果目标越来越弱化，甚至到最后完全忘记了当初自己为什么出发。因此，不要让自己在舒适区待太长时间，可以通过加强恐惧感来帮助自己走出舒适区。比如被他人落下了很多、生命随时可能发生意外、养老问题还没有解决等，进而由内激发前进的动力，加强目标感。

有目标就努力去实现，毕竟有所成要比一生碌碌无为有意义得多。

布利斯定律：有计划的行动更容易到达终点

美国行为科学家艾得·布利斯找来一些学生，将他们分成三组进行不同方式的投篮技巧训练。

第一组学生：连续20天内每天都进行实际投篮练习，并记录下了第一天和最后一天的成绩。

第二组学生：20天内不做任何练习，同样和第一组一样记录下第一天和最后一天的成绩。

第三组学生：在20天内，每天只花20分钟想象投篮，当投篮不中时，他们也会通过想象做出相应纠正，他们也记录下了第一天和最后一天的成绩。

实验结束了，结果表明，没有任何练习的第二组丝毫没有进步；每天都进行实际投篮练习的第一组，最终成绩比第一天提升了24%；而每天想象20分钟投篮的第三组，最终成绩提升了26%。

由此布利斯得出结论：行动前对要做的事情进行梳理，构想出进行当中可能会出现的每个细节，然后做出相应的计划方案，并将它们深深刻于脑海中，在实际行动的时候会更得心应手。而这一实验现象也被称为"布利斯定律"。

布利斯定律告诉我们，事前做计划非常重要，如果没有计划，行动很可能会变成一盘散沙。特别是我们想要实现既定的目标时，若没有计划，即便再轻松、简单的目标，也可能会走不少弯路。

安东尼·罗宾斯，这位美国著名的成功学大师提出过一个有关成功的万能公式（图2-6）。

成功=明确目标+详细计划+马上行动+检查修正+坚持到底

图2-6 成功的万能公式

由这个公式我们也能看出，在明确了目标的前提下，有详细计划对实现目标获得成功的重要性。一家研究机构曾通过实验得出这样的结果：行动前制订计划的人，比从来不制订计划的人，成功率提升了3.5倍；成功实现目标的人，高达78%的人都会事先制订计划；始终坚持计划的人实现目标的概率为84%，开始有计划，但中途改变计划的人实现目标的概率在16%。有计划的目标是明确的，因此，在我们确定目标之后，一定要为达成目标制订详细的计划，并且在行动中，一旦发现目标偏离初衷，要根据计划及时纠正。

很多人在行动中总说时间太紧张，根本没有时间为实现目标做计划，那就错了！从此刻起，不管是为了完成一天的工作，还是实现一生的理想，都要拿出足够的时间来做计划，有计划去实现目标，将为我们节约大量的成本和精力。并且在制订计划的过程中，要注意短期计划、中期计划、长期计划相结合，同时在行动过程中不断修正计划。

▶ 制订短期计划

短期计划，最好在半年内，一个季度、一个月，甚至是一周，然后再具体到一天当中。制订短期计划时，具体需要以下三步（图2-7）。

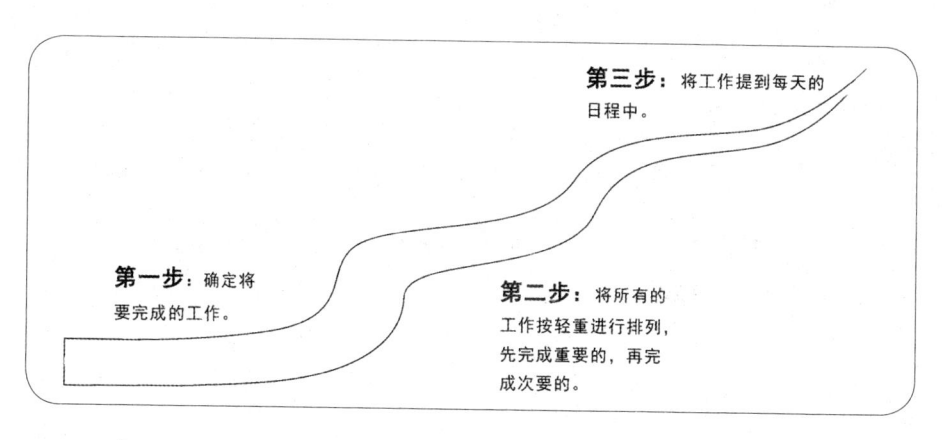

第一步：确定将要完成的工作。

第二步：将所有的工作按轻重进行排列，先完成重要的，再完成次要的。

第三步：将工作提到每天的日程中。

图2-7　短期计划的制订步骤

具体计划的呈现，可以根据个人的喜好，可以借助日历进行标注（市场上很多日历都具备记事功能，有专门记事的空白页）；也可以采用计划表格的形式，将计划详细列出来，逐项去完成。

▶ 制订中期计划

中期计划一般是半年到一年的计划，根据目标的大小及达成的难易程度来定。中期计划一般是用来提升自己个人能力、收入水平、生活水平和工作表现等的计划，比如在工作表现方面，准备积累多少客户，达到多少销售业绩，经过一年的努力，争取收入达到一个什么样的水平等。

中期计划相对短期计划来说时间较长，而且比较机械化，不够灵活，不能总是变来变去，否则只能是时间过去了，自己却一事无成。

为了让中期计划实现起来不那么枯燥，可以采取不断复盘的办法。比如一个月过去，看看这个月有了哪些进步、成长，有哪些是每天都在重复做的，这些重复做的事情是否对实现目标有重要帮助。如果没有作用，那么之后的时间内，就直接将其忽略掉；如果有作用，但不大，则要及时改变方法，提升重要性，避免重复。

▶ 制订长期计划

一年以上的计划都可以称为长期计划。长期计划要实现的是远期目标，时间更长，要结合短期计划和中期计划逐步实现。比如一个普通的会计师想要考注册会计师资格证，那么，可能需要在一年多、两年内或更长一段时间来通过每一项考试。

短期计划和中期计划在制订时，也要结合长期计划。

▶ 不断修正计划

计划是死的，但人是活的，在执行计划的过程中，一旦发现计划与目标差距太大，就要及时修正调整了，否则一条道走到黑，带来的很可能是巨大的打击，乃至对生活失去积极性和信心。

在修正计划时可以采用以下两种形式：

第一种：彻底推翻原来的计划，根据当时的实际情形重新制订计划。比如原来的计划与自己的性格、兴趣、擅长的领域等严重背离，此时就要改变计划，重新制订，包括目标的重新确认。

第二种：在原计划的基础上调整。一个是不改变原计划，而改变执行计划的方法。另一个是调整目标，目标过高，超过个人能力范围，会打击积极性；目标过低，很容易就实现，又缺乏诱惑力。

总之，确认目标，在开始行动前，一定要用心制订计划，有效的计划会让人生更高效、成长更快、成功的概率更高。

二八定律：把时间和精力用在20%的关键事情上

意大利经济学者帕雷托，在一次偶然的机会，发现19世纪英国人的财富和收益模式是存在一定规律的。于是他经过进一步调查取样，确认了自己的发现，那就是大部分的财富掌握在了少数人手里。同时，他还通过资料发现，其他国家一样存在这样的规律，且在数学上呈现出稳定的关系。最终，帕雷托依据大量具体的事实表示：社会上20%的人占有80%的社会财富。

•———••———•

这也是著名的"二八定律"的由来。其实，不仅在财富的拥有上存在这种现象，在生活的各个方面都存在这样的不平衡关系，比如一家公司，其80%的利润来源于20%的重要客户，20%的人掌握着公司80%的核心资源。当然，20%、80%这两个数字精确出现的概率非常小，但这并不影响这种不平衡性。

具体到我们每个人的目标来说，一样可以借鉴"二八定律"，比如我们对时间的把握、对精力的分配。不少人在工作、生活中经常会遇到一些琐碎、杂乱的事情堆在一起的情况，被搞得焦头烂额不说，还会耗费巨大的精力和时间。不但无法将工作做好，还影响个人的成长。有道是"打蛇打七寸"，只要我们懂得按照事情的轻重缓急来处理，找到最有价值、最重要且最紧急的事情，然后将主要精力和时间用在这部分事情上，就能得到事半功倍的效果。那么，如何找到这20%最为关键的事情呢？这里就为大家推荐麦肯锡思维。

在说麦肯锡思维之前，我们先来看看一般人处理事情的思维习惯。

▶ 一般人处理事情的思维习惯

很多人在工作中会依照以下的思维习惯来决定做事的优先顺序（图2-8）。

- 先做紧迫的事，后做不紧迫的事。
- 先做喜欢的事，后做不喜欢的事。
- 先做已安排好的事，后做突发性的事。
- 先做熟悉的事，后做不熟悉的事。
- 先做简单的事，后做有难度的事。
- 先做耗时短的事，后做耗时长的事。

图2-8 一般人处理事情的思维习惯

乍一看，这样处理事情也没有什么不妥的地方，大家平时是不是就是按照这样的思维来处理事情的呢？每天将80%的精力和时间，用于处理紧迫的事情上。低效能的人几乎都是这样做的，认为紧迫的事情是最重要的，应该首先去处理。

这就导致每天的工作可能都在围绕紧迫的事情进行着：

最紧迫的事情，必须马上做；

比较紧迫的事情，应该做；

不太紧迫的事情，可以做。

如果总是被紧迫的事情牵着，就很可能会造成一个现象：重要的事情被延后，因为很多重要的事情可能并没有看起来那么紧迫。比如涉及身体健康的体检，很多人认为体检并不着急，所以常常无限期延后，但是，身体健康对于一个人来说肯定是最为重要的，很可能因为体检无限期延后而导致一些小毛病"长"成了大问题。这种总是盯着紧迫的事情去做的人，往往让目标的达成也变成了无限期的。

追求高效工作的成功者是不会单纯依据事情的紧急与否来做事的，他们会按照事情的重要程度编排优先次序，弄清楚了哪些事情最重要，哪些事情次要，哪些事情不重要，然后开始行动。

如何衡量一件事情到底是不是重要的呢？这就要看它对实现目标的贡献和价值大小了，贡献大、价值大，则重要，要优先去做；贡献小、价值小，则不重要，延后去做。

时间管理四象限法则

当然，单纯看是否重要还不行，还得结合紧迫与否，毕竟紧迫的事情也要先做好。在这种情况下，我们还要一起来看看美国第 34 任总统艾森豪威尔发明的一个"十字法则"，也就是著名的时间管理四象限法则，这一法则非常受高效能人士及管理人士的推崇。艾森豪威尔一生担任了很多角色，事务非常繁杂，但是他通过根据事情的轻重缓急自创的四象限法则实现了高效管理。

下面我们根据坐标图来具体展示一下四象限法则，纵轴表示重要，横轴表示紧迫（图 2-9）。

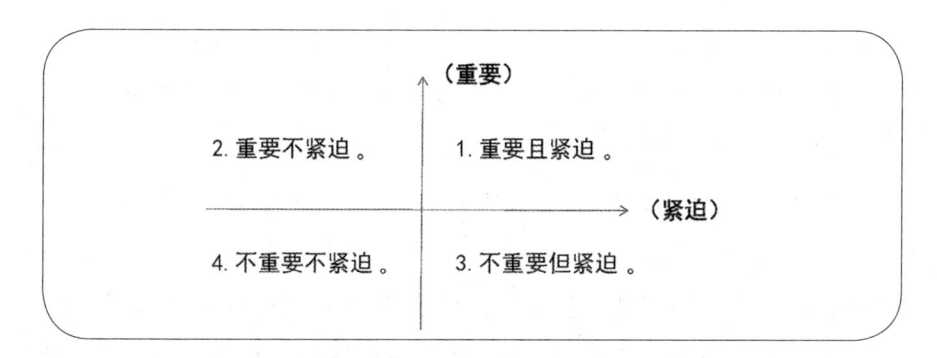

图2-9　四象限法则坐标图

接下来我们就按照四象限法则具体跟大家一起来学习一下。

首先，重要且紧迫的事情

重要且紧迫的事情就是当前必须完成的最重要、最急切的事情，也就是"当务之急"。这类事情可能比较琐碎，但很可能是实现目标的关键环节，是比其他事情更值得优先去做的关键事情，要没有任何迟疑地去做，并且坚持到底。

举个例子来说。喜欢篮球的人，一定非常了解NBA男篮职业联赛的水平，任何一个球队，想要拿到赛季总冠军都极其不容易，即便像拥有库里、杜兰特这样顶级明星的勇士队也一样。而在争冠过程中，球队里几乎没人不带伤，但是对于一支努力了一年的球队来说，没有什么比夺冠更重要的事情了，而且这也是紧急的事情。因此，只要不会因为伤情影响到职业生涯，队员一般都会将受伤之事放在比赛后面，或者简单让队医处理一下，等比赛结束后再进行进一步检查、治疗。

重要不紧迫的事情

事情重要，是直接关系到下一步工作，或者直接影响到目标实现的事情，但并不是必须立刻就得做的事情。比如，上例中NBA球员受伤的问题，如果是轻伤，队员们就会将它看成是重要但不紧迫的事情。就拿2018—2019赛季的西部半决赛的火箭队和勇士队来说，先是库里手指受伤，接着哈登眼睛受伤，但在这种关键的比赛中，他们都是做了简单处理后，又重新回到了比赛，直到整场比赛结束。

生活和工作中，这样的事情还有很多，比如为自己买套房子，重要，但是因为现在有住所，所以不紧迫，可以等到有一定的经济实力后再入手。还有，为了提升对知识的掌握量，需要多读几本书，这个事情就很重要，但并不急在一时半会儿，可以将手头重要且紧迫的事情处理完后，再来做这件事。

在对待这类事情时，要注意主动性和自觉性，要认真对待，不能因为不紧迫就无限期推迟。

▶ 不重要但紧迫的事情

这样的事情在工作和生活中经常会出现，比如你正在被手头的工作搞得焦头烂额的时候，从来没到过你所在城市的同学打电话给你，让你去接他，并且要你帮他安排接下来几天的食宿和行程。这件事对你来说就算不上重要，可是紧迫，不能等过几天再帮同学安排。可是，一旦帮他安排了，就要耽误工作，同时还得耗费你不少的时间和精力。

所以，建议针对不重要但紧迫的事情，若与自身的目标或当下的工作、生活等无关，要学会拒绝。

▶ 不重要不紧迫的事情

生活和工作中，不重要、不紧迫的事情很多，比如玩游戏、看电视等，或者上班期间与同事聊天等，这些事情可以起到一定的缓解疲劳的作用，但如果一味沉迷于此，无疑会大大损耗时间和精力。因此，面对不重要、不紧迫的事情时，建议还是不沉迷、不荒废，可以有，但要适度。

现在我们就明白了如何将时间和精力用在关键的 20% 重要且紧迫的事情上，从此刻开始就按照这一法则去做，可以加速我们实现目标。

不值得定律：学会改变，让不值得的事情变得值得

  对一件事情，如果自认为不值得做，那么不得已去做了，也会对其敷衍了事。这种心浮气躁的态度，在心理学上被称为不值得定律。

  不值得定律告诉我们：如果你打内心深处就认为一件事不值得做，那么注定无法将它做好。那什么是不值得的事情呢？不符合自身的价值观、个性与气质，让人看不到希望的事情，就是不值得的事情。

  在生活中，有不少人一直在一些不值得的事情上消耗着时间和精力，以至于距离自己当初的理想和目标越来越远。这样的人生不但很难成功，就算成功了，也很难有满足的成就感。比如想做销售，却每天在电脑前敲键盘码字；想做研发，却被安排在了销售岗位。诸如此类的情况，都会让人不舒服、别扭、压抑、纠结、不幸福等。就像伦纳德·伯恩斯坦，他不可谓不成功，可他并不觉得幸福。

  自从被发现有指挥天赋后，伯恩斯坦就成了纽约爱乐乐团常任指挥，同时一举成名，在近30年的指挥生涯中，他个人甚至带有纽约爱乐乐团名片效应

的作用了，然而他最爱的却是作曲。他在作曲方面非常有天赋，创作出了一系列不同凡响的作品，在开始指挥之前，他几乎成了美洲大陆的一位作曲大师。在指挥期间，创作的欲望总在撞击和折磨着他，他也依然会利用闲暇时间作曲，可是作曲的活力和灵感再也没有了，这让他备受折磨，内心里有着无人能懂的遗憾和痛苦。

伯恩斯坦的经历就告诉我们，真正从内心认为值得去做的事情，才会全力以赴去做，同时会让身心愉悦，在成功之时才有十足的满足感、成就感、喜悦感，但如果一直在从事不值得的事情，就算是成功了，也无法让自己心安、幸福。

具体来说，每天做不值得的事情，会产生以下一些弊端（图2-10）。

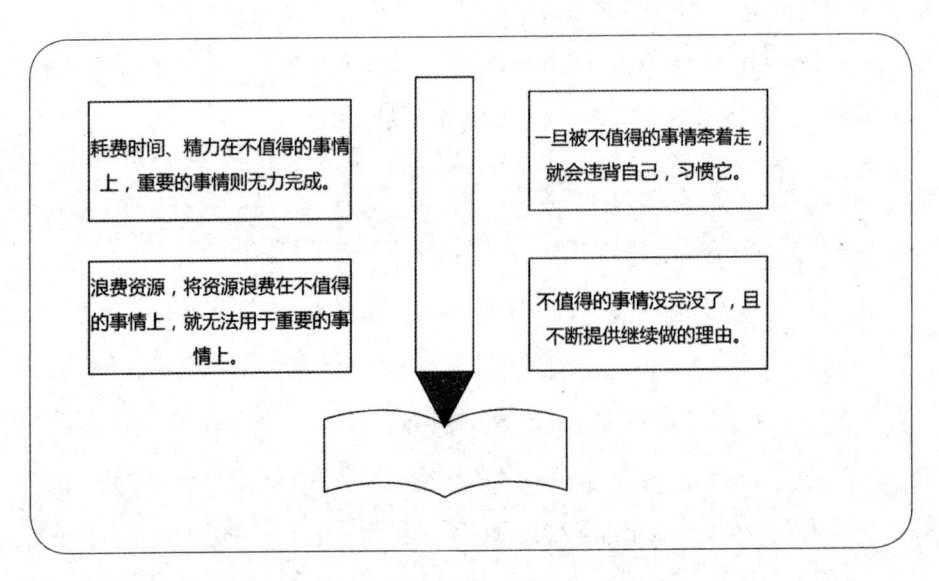

图2-10 每天做不值得的事情的弊端

虽说不值得的事情会耗费我们太多的时间和精力，但是现实生活中还是不乏为不值得的事情做了很多年的例子。所以，有人说："有些人25岁以后就死了，却直到75岁才被埋葬。因为25岁以后他们进行的都是'不值得'的人生，但却依然重复了50年。"所以，当自己意识到自己所做的事情与自己的目标相背离，属于不值得的事情时，就要及时改变，不与不值得的事情继续纠缠不清，果断将精力和时间转移到值得做的事情上去。为此，就要做到以下几点。

树立正确的世界观、价值观

正确的世界观、价值观，会帮助我们客观地看待事情，帮助我们理性地分析值得与不值得的问题，会让我们想到他人、社会、公平与正义等，不会凡事都只会想到自身利益的得失等。有了正确的世界观、价值观，我们对待事情的态度就会转变，从而对待事情的行为就能由消极向积极转变，行为有所转变，其结果也就跟着改变了。

不断充实自己

活到老学到老，人生是在不断学习、不断提升、不断充实自己的过程中进行的，随着人生阅历的不断丰富，知识的不断积累，自身的辨识能力会不断增强，此时在看待事情时就能越来越清晰，能够正确分辨到底哪些值得做、哪些不值得做，不值得做的事情要果断放弃，绝不让它们再成为人生成长的累赘。

多听取他们的建议、意见

任何人都有自己看不到、想不到的地方，平时多听听他人的建议、意见，多看看周边人的行事风格，多想想自身存在的问题，能减少对事物的判断失误，以避免过分不值得现象出现。

换位思考

"旁观者清，当局者迷"，置身其中，一个人很难看清事情的是非曲直，若换个角度，以他人的目光来看待事情，可能就会有不一样的看法，或许会让我们多一些理解和包容，或许也能让我们更全面、周到地看问题，当初我们认为的不值得的事情或许正是通往我们最初梦想的地方，也或许让你马上摒弃这些不值得的事情，置身于真正值得做的事情中去。

其实，在分辨值得与不值得的事情时，我们还可以参考前面我们提到的"四象限法则"，真正弄清楚到底哪些是重要的事情，是必须马上完成的事情，根据这一法则也能让我们明确到底哪些是值得做的事情，哪些事情并不值得让我们耗费大量的时间、精力。

登门槛效应：大目标分解成容易完成的小目标

美国社会心理学家弗里德曼在1966年和他的助手做了一个实验。弗里德曼先派了一位大学生，以为"安全驾驶委员会"工作的名义去登门拜访了一些主妇，希望能获得主妇们的支持，并请她们帮一个小忙：在呼吁安全驾驶的请愿书上签名。绝大多数人很爽快地照做了。

过了半个月，弗里德曼又让另一位大学生去访问主妇们。不过，这位大学生拜访的主妇中，除了上次第一位大学生拜访的之外，还有一些陌生的主妇，同时这位大学生还带着"谨慎驾驶"的提示牌，并要求签完名的主妇们将它竖立在庭院中，因为提示牌不仅大而且很丑，竖立在庭院中会影响美观，所以，这不得不说是一个过分的要求。但是第一次便欣然接受签名的主妇，有55%的人同意了在庭院中竖立提示牌的要求，而那些第一次没被拜访到的主妇，仅有17%的人同意了在庭院中竖立提示牌的要求。

通过这个实验也得出了"登门槛效应"这一心理效应。

"登门槛效应"又称得寸进尺效应，指的是一个人一旦接受了他人的一个微小要求，就可能接受更大的要求，这是为了避免与他人在认知上的不协调。这就像登门槛一样，沿着台阶一级级攀登，更容易登到最高处。

不仅是求人帮忙，就是在实现自己的目标上，我们也可以采用登门槛效应——分阶段完成目标。

我们先来看一个案例。

电影《流浪地球》，相信大家即使没有看过，肯定也听说过了，在电影院下线时，已经成了 2019 年全球第一部票房超过 5 亿美元的电影，折合成人民币的话，《流浪地球》的票房超过了 35 亿元，而其中，作为出品人的吴京在《战狼 2》的基础上又得到了进一步的提升。但是，或许大家并不知道的是，吴京的出品人却是个"乌龙"。

为什么呢？这是因为导演郭帆最初的时候并没有要求吴京做出品人。郭帆当初找到吴京的时候，仅是希望他能客串一个角色，没想到演起来后，一下子演了 31 天，都快赶上男主角的戏份了。紧接着，因为剧组缺钱，郭帆又找吴京说能不能不要片酬，吴京答应了，结果剧组预算超支 6000 万元，郭帆又找吴京投资，吴京最终就真的投资了 6000 万元。从要求客串到戏份加重，从零片酬到投资 6000 元万做出品人，整个过程，自然顺畅，导演郭帆无疑上演了一出"空手套战狼"。试想，如果从一开始，郭帆就要求吴京出演并做出品人，作为当时并不被大家看好的题材影片，吴京还会参与吗？

郭帆找吴京出演、投资的过程，恰恰就反映了登门槛效应。

我们平时在求人办事时可以借鉴这一心理学效应，而在达成我们的目标时，同样可以借鉴这一效应，将大目标分解成一个个更容易完成的小目标，通过对小目标的完成一步步接近大目标。那到底该怎么分解呢？以下几个因素就要重点考虑。

▶ 分解的粒度

对目标进行分解，其粒度不是单单对目标进行切分，而要考虑目标实现的可行性、可操作性，让目标明确而清晰。我们举例来说。

身材矮小的日本马拉松选手山田本一出乎意料地夺取了1984年和1986年两届国际马拉松比赛的冠军，在被问到他的夺冠秘诀时，他说在每次比赛之前，他都要将比赛路线亲自勘察一遍，将沿途醒目的标志画下来，并将这些标志作为一个个的目的地，接下来他要做的就是将这些小目的地牢牢地记在心里，等到比赛的时候，他便以百米冲刺的速度奋力向第一个目的地冲去，待到第一个目的地后，他又会继续朝着第二个冲去，就这样，他将40多公里的赛程分解成了一个个明确的短程比赛，最终轻松地跑完了两场比赛。而在这两场比赛之前，他一直望着40多公里之外的目的地，结果跑到中途就已筋疲力尽了。

就像山田本一，一个个的短程小目标非常清晰明确，每跑完一个目标，他都能感受到努力的成果，会有成就感，在此基础上，他又充满了动力向着下一个目标冲刺。

具体分解目标时，还要做好以下几点（图2-11）。

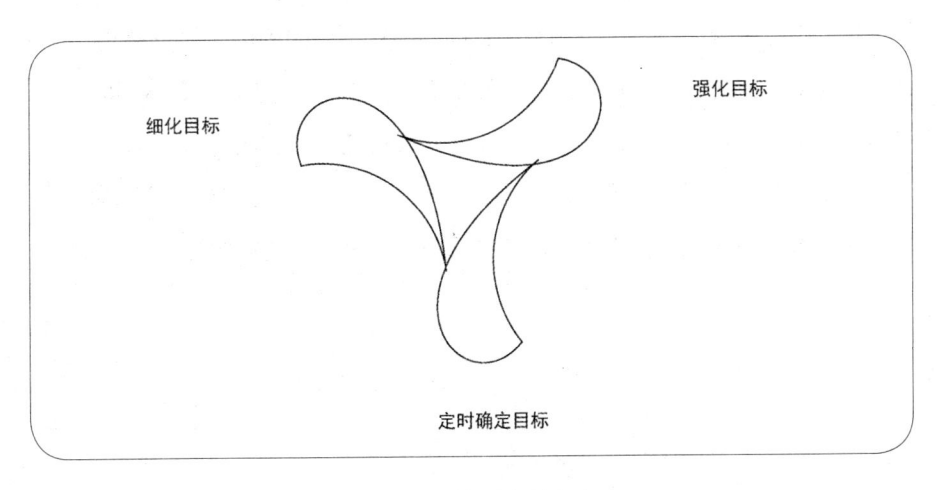

图2-11 目标分解的方法

目标越具体、越详细越好，其中包括达成目标的每一步计划，也包括计划之外的一些意外情况出现的处理方法。

将目标写下来，加强记忆，这点前面我们说过。

每天、每周对目标进行确定，这样在看到前面的进步后，会不断产生成就感、幸福感，为后面的努力提供动力。

▶ 时间跨度

时间跨度也就是完成目标的预定时间。个人对自身制订的成长计划，一般来说不如外界（比如对于公司制定的任务有一种时间上的压迫感），往往会有放松，尤其是自制力稍差的人，总紧张不起来，这就让完成目标的时间跨度很大。

在这种情况下，就要严格自律，严格落实计划，不妨给自己设置一个打卡制度，就像上班打卡一样，每天打卡，不能以没时间、身体不舒服等为由拖延。

▶ 评价机制

在目标分解中，评价机制非常重要，因为它涉及完成目标的效果。举个例子，你给自己制订了每周读一本书的计划，一周之后的确读完了一本书。但是读完的效果如何呢？是一片空白，就像没读过一样，还是收获了整本书的价值，从中得到了重要启示呢？通过一个简单的评价就能一目了然。

评价的过程也是回顾总结的过程，在达成一个目标后，与上一阶段的目标结果比较有了哪些成长、进步，还存在哪些可以再提升的问题等。

目标置换效应：不要让高明的手段迷惑了目标

在管理学上，有个词叫"目标置换"，指的是在达成目标的过程中，因为对"如何完成目标"过于关切，导致完成目标的方法、技巧、程序等占据了一个人的心思，反倒使人忘记了初衷，忘记了这些都是为最终的目标服务的，让"工作如何完成"代替了"工作完成了没有"。

美国管理学家约翰·卡那在一项调查研究中发现，在所有影响目标达成的因素中，67%以上的都是与目标置换因素相关的，由此可见，目标置换对目标达成的影响力之大。

生活中有目标、有理想的人比比皆是，但真正实现目标、理想的人却寥寥可数，为什么会这样？在多种多样的原因当中，目标置换就是影响比较大且比较普遍和典型的一种。

举个例子。秦浩是某公司的销售人员，为了搞定一个比较难缠的客户，他耗费心神制定了多种方案，并决定一种方案不成功就换另外一种，结果他的方案都用上了，还是没能将这个客户拿下。而他的同事仅在一次拜访的机会中就搞定了客户。后来他才知道，这位同事没有准备过多的方案来"对付"客户，而是开门见山，直接进入促成环节，没想到，客户就真的签了订单。此时他才意识到，他将主要精力都花费在了制定方案环节，却忘记了这些方案都是为了最终的促成目的服务的，他差的就是这"临门一脚"。

像秦浩这样，过于注重方案的设计，却忘记了方案是为促成目的服务的，结果几次都没能成功。这就是典型的目标置换问题。

那为什么在实现目标的过程中会出现目标置换的问题呢？原因在于客观和主观两个方面原因。

客观原因（图2-12）：

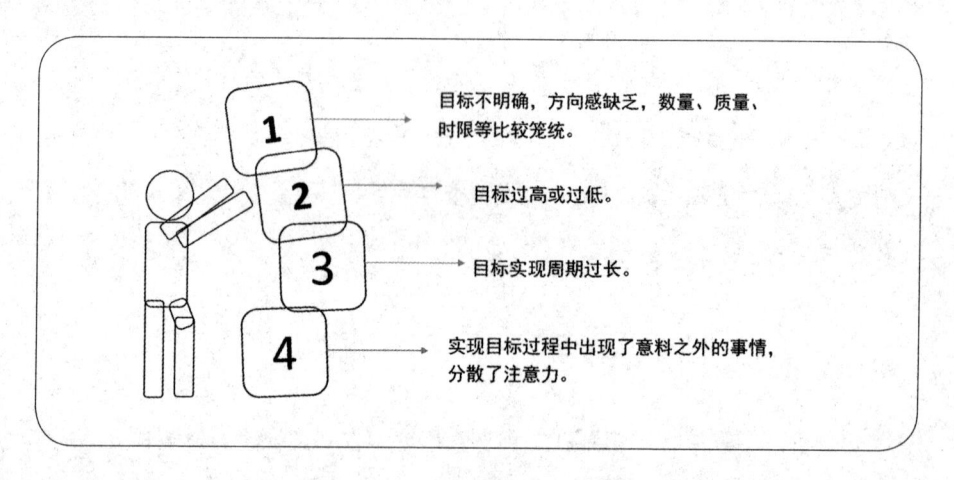

图2-12　出现目标置换的客观原因

1. 目标不明确，方向感缺乏，数量、质量、时限等比较笼统。
2. 目标过高或过低。
3. 目标实现周期过长。
4. 实现目标过程中出现了意料之外的事情，分散了注意力。

主观原因（图2-13）：

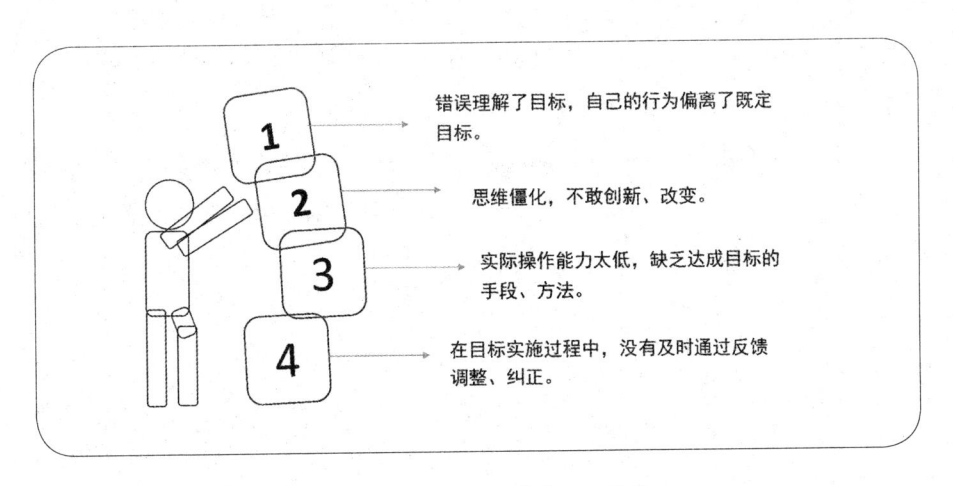

```
1 → 错误理解了目标，自己的行为偏离了既定目标。
2 → 思维僵化，不敢创新、改变。
3 → 实际操作能力太低，缺乏达成目标的手段、方法。
4 → 在目标实施过程中，没有及时通过反馈调整、纠正。
```

图2-13　出现目标置换的主观原因

为了避免在实现目标的过程中南辕北辙，让自己的行为与初定的目标越来越远，就要及时发现和矫正实施目标过程中出现的偏差行为和错位现象，避免目标置换问题的发生。具体该怎么避免呢？还须通过以下几种方法。

建立动态目标体系

前面我们说到想要轻松快速地完成最终目标，不妨将目标分解成多个能轻松完成的小目标，而这些小目标间是相互支持、关联的，都是为达到最终的大目标服务的。因此，在完成最终的目标之前，所有的行为、小目标，都要以最终目标为"标杆"，这样就清晰地明确了目标的方向。

此外，在实施展开的过程中，难免会出现新情况、新问题，这就要求实际行动要有弹性，避免思维僵化，根据具体情况及时做调整。

实施目标时要不断学习、创新

在实施目标的过程中，要不断加强学习和提升，以便让自己的能力与目标的实施相匹配，不仅能够制订出实现目标的计划、方案，同时在实施行动的过程中，还要轻松自如，一旦超出自身的能力，就要加强学习、创新，让目标始终都保持在"跳一跳就够得着"的距离内。

此外，为了让自身的行为不偏离最终的目标，前面我们提到的评价机制也尤为重要，及时对一个阶段的工作给出具体的评价，不但能不断强化目标，还能不断激励自己始终如一地朝着最终目标前进。

第三章
团队思维：一棵树长成一片森林的秘密

马云说："很聪明的人需要一个傻瓜去领导，团队里都是科学家的时候，叫农民当领导是最好的，因为思考方向不一样，从不同的角度着手往往就会赢。"一根筷子容易折断，很多根筷子捆绑在一起就很难折断了。我们个人的力量总是有限的，但团队合作的力量是巨大的，个人成长离不开团队的协作。那么，该如何让一棵树长成一片森林呢？这就需要开拓你的团队思维了。

安泰效应：离开了团队，你或许什么都不是

古希腊神话中有一个大力神叫安泰，他是海神波塞冬与地神盖娅的儿子。安泰力大无穷，没人能比，可是即便如此，他依然有一个致命的弱点，那就是一旦离开大地、离开母亲的滋养，他就会瞬间失去一切力量。他的对手知道了他的这一弱点，于是便设计让他离开了大地，将他高高升入空中，并在空中杀死了他。

像这种一旦脱离了一些条件，就失去某种功能的现象，被人们称为"安泰效应"。

安泰效应与五行相生理论非常接近，它让我们知道了，团结就是力量，一个人的强大离不开一群人的支撑，没有了团队的力量做支撑，个人就像没有翅膀的鸟儿，就像没有水的鱼。

下面我们就来看看雷军是如何通过他的团队让小米上市、让世人都知道他的。

小米以市值超 4000 亿元登陆港交所在香港敲钟当天，雷军在演讲中说："谢天谢地，公司第一天开张，有 13 人一起过来喝小米粥。至今我都不知道，

他们当时是否真的信了。"当时陪着雷军喝小米粥的，有孙鹏、刘新宇、李伟星、林斌、黎万强、黄江吉等人。他就这样用当年一句"四年时间做成一家100亿美元市值的公司"，召集并动员了一批优秀的工程师。

从金山出来，准备创业用互联网电商模式卖手机的雷军，非常清楚一件事：创业，关键就是人、事、钱三个要素，而其中最关键就是人。于是，从那一刻开始，他便开始了找人。从首先开始的林斌，到最后周光平的出现，雷军集齐了和他一起奋斗的六位创始人：林斌、黎万强、黄江吉、洪锋、刘德、周光平，组成了工业设计、用户界面、人机交互、软件工程、移动互联网应用研发、产品设计、硬件开发的顶级人才团队。

如今小米的成绩大家都有目共睹，而小米的成功、雷军的成功，都离不开团队。但试想，如果当初从金山出来，雷军没有想到组建团队，仅凭一个人单打独斗，还能有如今的小米吗？

所以，在我们成长的过程中，一定要明白团队意识的重要性，重视团队意识，培养团队合作精神。那到底该怎么做呢？下面我们就来具体说一说。

▶ 明白团队意识的重要性

要想真正明白团队意识的重要性，就要具体了解以下两点（图3-1）。

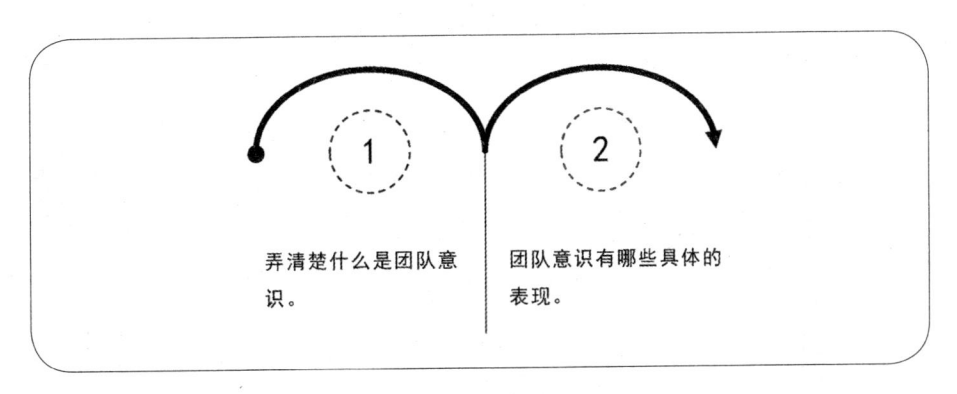

1. 弄清楚什么是团队意识。
2. 团队意识有哪些具体的表现。

图3-1 如何理解团队意识的重要性

什么是团队意识

团队意识就是整体配合的意识,具体包括目标、角色、关系、运作四个方面,当然,这四个方面的内容都是以团队为基础的。

团队意识的表现

团队意识有以下一些具体表现。

相互信任。相互信任是一个团队成员能否为共同目标努力奋斗的最重要基础,成员之间有明确的分工,相互间清楚各自的工作职责。

具备双赢思维。团队合作寻求的就是双赢。很多人不愿意相信他人,不愿意与他人进行团队合作,就是担心在分享成果的环节吃亏。其实,即便在合作中没能获利,也能从合作中学习到方方面面的知识,尤其是想要通过创业实现个人价值的人,合作可能比个人单打独斗效果要好得多,毕竟群策群力,同时有出资的、有出谋划策的、有研发产品的、有开拓市场的,总要比一个人的力量大得多,成功的概率也更大。

相互尊重。想要通过团队合作实现个人成长,就要对团队成员有最起码的尊重,接受每个人的长处和短处、优点和劣势,毕竟每个人擅长的领域不同,在尊重的基础上将每个人的优势发挥到极致,如此也能最大限度地体现团队的作用。

有团队规范。既然是团队,就要有一定的制度来约束、规范,这样大家在完成各自的工作的时候才能有条不紊、轻松愉悦。

以团队目标为根本。团队合作的目的就是为达成共同的志向、目标,因此,团队中的每个人都要做好甘当绿叶、配角的准备,甚至在必要的时候,还要为了团队的利益牺牲个人利益。

▶ 培养团队合作精神

明白了团队合作意识的重要性,还要注意培养自身的团队合作精神。具体还要做好以下几个方面。

第一，正确看待团队合作精神，最大限度地发挥自身潜力。

第二，多换位思考，培养从他人的角度看问题的习惯，并树立互帮互助的团队合作意识。

第三，学会主动与他人合作，多倾听他人意见和建议，多与合作伙伴沟通交流，不要固执己见。

第四，在自身个性与团队特点间找到一个良好的平衡，识大体、顾大局，树立"我为人人，人人为我"的思想，避免走极端，保持积极、谦逊的态度。

第五，要有意识地培养自身的领导力，进而带动、鼓舞、激励他人，让他们在工作上始终都能积极活跃。

总之，没有团队合作，或许你只能默默无闻度过一生，但若想通过团队合作来提升自己，就要主动寻求合作，降低内耗，培养自身的团队合作精神，不断培养和加强责任感、荣誉感、归属感，真正实现 $1+1>2$ 的效果。

苛希纳定律：极简思维，用最少的人做最多的事

从管理的角度来说，如果实际管理的人数比最佳人数多出了两倍，那么工作时间就要多两倍，工作成本就要多四倍；实际管理人数比最佳人数多三倍，工作时间也要相应多出三倍，而工作成本则要多出六倍。以此类推，工作时间和成本不断成倍增加。

●———●●———●

这就是管理上的苛希纳定律。

苛希纳定律告诉我们：在管理上，人多未必力量就大，反而是人多必闲。

近段时间，有关京东裁员的消息传得沸沸扬扬，从高层管理人员到基层物流人员，无一幸免。对于京东裁员的原因，外界可谓是各种猜测：有人说是资金困难，裁员是为了节约人力成本；也有人说是高层内部出现了腐败现象；还有人说是刘强东个人有私心。

然而，透过刘强东的朋友圈，我们或许能真正了解到京东裁员背后的原因。刘强东在朋友圈中表示，京东已经有四、五年的时间没有进行过裁员了，在人员急剧增长的情况下，发号施令的人越来越多，干活的人越来越少，混日子的

人更是越来越多。如果不采取行动任其发展下去，京东最终只能被市场淘汰。

刘强东说过一句不开除任何一个兄弟的玩笑话，但他强调说，真正的兄弟是能一起打拼、一起承担责任和压力的人，不是坐享其成的人。

正如全球最大零售企业之一的沃尔玛公司的掌舵者山姆·沃尔顿说的那样："没有人希望裁掉自己的员工，但作为企业高层管理者，却需要经常考虑这个问题。否则，就会影响企业的发展前景。"刘强东敏锐地发现了集团内部的问题，他和沃尔顿都知道，企业机构庞杂、人员设置不合理等，会让企业官僚之风肆虐，导致人浮于事，工作效率低下。为了避免这些问题，沃尔顿采取的方法是"用最少的人做最多的事"，极力减少成本，追求效益最大化，相信刘强东也是这么想的。

苛希纳定律虽然是从管理层面来说的，但对于一般的团队人员的管理也是适用的。对于想通过团队合作来帮助自己成长、实现个人理想和个人价值的人来说，需要与多少人合作，如何合作，都是需要拿捏好的。那么具体该怎么操作？不妨采用极简思维。

极简团队

规模控制在 10 人以下，两三间办公场所，再加上几位能够一起头脑风暴的精英成员。这种极简团队的公司模式在当下被人认为是最充满生命力的。

看过电视剧《创业时代》的人一定都知道，黄轩扮演的郭鑫年和同伴创办公司时，只有他们三个人，而且每个人分工明确，有开拓市场的、有技术研发的、有负责财务的。虽然最后在激烈的市场竞争及被人在背后下黑手的境况下，他们最终将自己创造出来的魔晶卖给了李奔腾，但他们也不能不说是成功的。

亚马逊 CEO 杰夫·贝索斯曾提出"两个比萨原则"，说的是，若是两个比萨还不能喂饱一个团队，那就表示这个团队太大了。贝索斯之所以这么说，是因为他意识到一个人的大脑是没有办法处理太多人的意见的。人太多了，就没有办法凸显个人的独特想法。

所以，不管你是想通过组建团队来完成自己和同伴的梦想，还是想跻身已成型的团队进一步提升自己，都要记住一点：规模小但竞争力极强的极简团队更富有强大的生命力，能够用一个人完成的工作，绝不用两个人来完成。

极简管理

1965年，巴菲特收购伯克希尔·哈撒韦公司时，这个公司仅是一家不起眼的纺织厂，而50年后，伯克希尔已成了涉足保险、铁路、能源、工业、投资等业务的多元化集团。在这期间，巴菲特通过伯克希尔·哈撒韦及它旗下子公司开展了近千笔收购，子公司也达到了80多家，员工总数超过27万人。

这么庞大的集团，想必员工就得以万计，然而，让人震惊的是，它只有25名员工！其中没有战略规划师，没有公关部门，没有人事部门，没有后勤部门，没有门卫、司机……只有巴菲特和他的合作伙伴查理·芒格、CFO马克哈姆·伯格、巴菲特的助手兼秘书格拉迪丝·凯瑟、投资助理比尔·斯科特，此外还有两名秘书、一名接待员、三名会计师、一个股票经纪人、一个财务主管及保险经理。

之所以如此，是巴菲特特意安排的，他认为公司内有太多领导，会分散大家的注意力。对于下属的子公司，他直接放权给下属公司的管理者。

所以，如果是自己组建团队，不妨学学巴菲特，采用极简管理的原则，没有必要设置的岗位绝不设置，设置了反倒是给自己徒增麻烦。

学会放权

采用极简思维管理团队，更需要学会放权。就像巴菲特一样，下属公司的管理工作，他从来不插手，也不安排会议，甚至连伯克希尔·哈撒韦的企业文化也不灌输给下属公司。喜诗糖果公司的总裁查克·哈金斯甚至20多年都没见过巴菲特。但是他们不会因此就不注重公司效益，反而会做得非常好，因为他们对巴菲特给他们的绝对的自主经营权感恩戴德，他们在绝对的被放权下感到非常舒服。

针对团队合作成员，学会放权能激发他们最大的工作积极性，让他们以最舒服的方式帮助团队创造最大的收益。

当然，放权并不意味着放纵，在财务方面还是要严格把控的，这也是巴菲特能放心地将权力都交出去的原因，因为他牢牢握着下属公司的钱袋子。具体的资金流向、运营盈利情况等都要清清楚楚。

当然，在放权的同时，还要配合相应的激励机制，以不断提升合作成员间的工作积极性。

共生效应：与优秀的人合作，你会变得更优秀

在日常生活、工作、学习中，一定的参照群体中的人们，因为受到群体其他成员的智慧、能力及成就等的影响，在思维上受到启发，能力水平也可以随之得到有效提升。这种影响在群体成员之间是相互的、潜移默化的，个人潜能的发挥与发展受其作用的激发很大。

——◆·◆——

这种现象就是"共生效应"，最早于1879年由德国生物学家德贝里提出。

共生现象是一种普遍存在的现象，就像一棵小草单独生长，可能会矮小、柔弱，但与其他小草一起生长的时候，则会显得生机盎然。我们个人也是一样。当一个人将自己关闭起来，闭门造车，缩小自己的世界，只倾心于自己的内心世界，那发展会越来越小，但如果和一个团队、很多人在一起，通过他人不断开阔视野、增长知识、汲取养分，就会变得越来越强大。

共生现象是以"人以群分，物以类聚"为基础的，学者和学者在一起才能让学术研究更精湛，学者与混混是不会走到一起的。就拿英国著名的"迪文实验室"来说吧，80多年间，这个实验室共诞生了25位诺贝尔奖获得者，这可

谓是"共生效应"的典型代表，正是因为"共生效应"才产生了如此卓越的成就。

任何一个成员在共生系统中，都能获得比单独存在更多的收获，这就是共生效应最大的特征，即"1+1>2"的共生效益。如果不符合这一特征，那也算不上共生了。那么，想要通过"共生"帮助自己获取更大的成长、更大的成果，还需要做好以下几点。

▶ 与优秀的人在一起，让自己变得更优秀

在犹太经典著作《塔木德》中有一句名言："和狼生活在一起，你只能学会嗥叫；和那些优秀的人接触，你就会受到良好的影响。"因此，日常要多与优秀的人交往，多与优秀的人合作，这样可以让自己变得更优秀。如果你觉得自己已经够优秀了，那么也要让自己跟优秀的人在一起合作，这样就能取得更大的成就。

就拿保罗·艾伦和比尔·盖茨来说。他俩在湖滨中学相识，并相互欣赏。盖茨因为艾伦的丰富学识而敬佩他，艾伦因为盖茨的计算机天赋而对他倾慕不已。就这样，在相互欣赏之下，他们成了好朋友，同时创立了微软王国。

有人说，没有比尔·盖茨，世界上或许就不会有微软，但没有保罗·艾伦，比尔·盖茨可能就不会有今天的成就。这正是1+1>2的共生效应作用，是优秀者之间惺惺相惜的例证。比尔·盖茨说过："有时决定你一生命运的在于你结交了什么样的朋友。"他的言外之意就是与什么样的人交往决定了你具有什么样的人生。

所以，努力让自己变得优秀，同时想办法加入优秀者的团队，在那里你会快速成长。

▶ 与价值观一致的人"共生"

价值观大部分一致的人，能够快速、高效地进入合作模式，将更多的精力

和时间专注于共同的目标、共同做的事情上，而不会像价值观不一致的人相互猜忌、怀疑、耍手段等。

正所谓"道不同，不相为谋"，人能为一个目标而相互合作，靠的是相同的志趣，有相同的理想追求和兴趣爱好。世界观、人生观、价值观不合的人，是无法长久走在一起的。

就像企业在招聘时，更愿意找到与自己"相似""同类"的人，这是缘于人性，不愿在工作中出现太多摩擦、冲突，同时价值观及做事方式、态度等都相近，这样不仅好交代工作，还不会有太多抵触、抗争出现。

在寻找与自身价值观一致的人时，不妨看看他是不是与你有相近的行为特征，是不是与你的性格类似，比如都属于乐观积极类型的；是不是愿意相互合作打天下；是不是能够做到相互承担。

▶ 发展自身优势，获取与他人共生的价值

共生效应除了在合作中相互影响之外，以人才吸引人才也是其特征。也就是说，我们想要身边有更多优秀的人，那么我们首先要将自身的优势、才能最大限度地展现出来，以达到吸引更多人才在你身边的目的。

就像前面我们举的小米创始人雷军的例子，独自一人的他之所以能汇聚起其他六个顶尖的人才，根本原因还在于雷军自身的才能。试想，如果雷军什么都不是，其他六个人还会一呼百应，和他一起创立小米吗？

尤其是在你想要与人合作时，一定要在你想合作的人面前尽可能地放大自身的优势，让对方真正看到你的价值，同时获取与他人共生的价值，比如资金、技术、法律支持等。

所以，想要自己有所提升，就要改变"闭门造车"的思维，与优秀的人、强人、牛人一起合作、一起交往。

凹地效应：提升自身气场，贵人都愿意主动来相助

因为某些特征或优势，对其他事物产生吸引力，致使这些事物都聚集到这个地方。

这种现象就是"凹地效应"。

凹地效应在生活和工作中的应用非常广，尤其是在企业的管人、用人、育人、留人等方面，发挥凹地效应的作用，都能收到不错的效果。

就像如今的不少城市，为了消化库存的房子，更为了吸引人才并留住人才，在房地产政策方面明确表示，大学专科及以上的人才购房后可以直接落户。尤其是大城市周边的三、四线城市，通过这种方式能够很好地吸引一大批人才。

还有各地的高校也一样，为了增强自身的核心竞争力，营造各种政策凹地引进高层次人才，不断加强人才队伍建设，就像西安财经学院，不仅设立人才特区，还创新人才引进、聘任、薪酬、管理等柔性引进人才机制，因此，只用了不到一年的时间，就有10多位国内外著名学者加入西安财经学院，其中包括美国密歇根大学数学系的终身教授、陕西省"百人计划"特聘教授刘九强，

他的"博弈论"研究方向享誉中外,他最新的理论成果被应用在了物流与供应链管理、"一带一路"能源合作等实践领域,在业界产生了较大反响。

生活中很多人不是没有团队合作意识,他们也想和优秀的人在一起,但就是没有办法融入团队,也没办法吸引他人主动与自己合作,进而不得不拘泥于一个小角落中一个人默默无闻。其实这其中很大一部分原因是自身缺乏吸引他人的气场。而凹地效应的特征就是聚势,聚势的最终结果又是很大概率的成功。所以,如果你让自身具备了凹地特征,能够聚集人气,提升气场,自然会吸引他人,有贵人愿意主动来相助。那么,我们如何聚势、提升自身的气场,让贵人愿意主动来帮助我们呢?不妨试试以下几点。

▶ 放低姿态,注重自身品德修养

人与人之间的聪明才智都相差不了多少,想要自身带有引力,赢得别人的认可,在做人、做事方面就要放低姿态,注重自身的品德修养,进而赢得别人的尊重。这就需要具备以下一些要素(图3-2)。

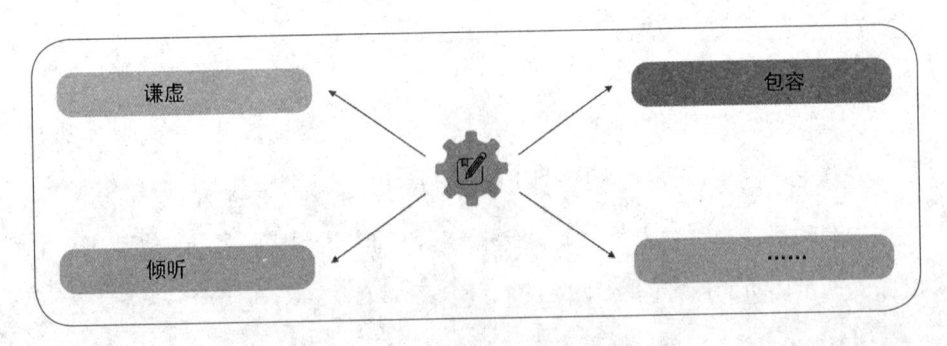

图3-2 提升自身气场的品德修养要素

谦虚是团队合作中非常重要的一种品质,因为懂得谦虚才能顾全大局、尊重他人,才能真正放下身段团结协作。不过谦虚不代表谦让,适当的谦让可以有,但不能太过,否则就会让人怀疑你能力不足,缺乏信心,如此不但会影响你的个人气场，还会让你失去很多与他人合作的机会。

包容可以化敌为友，不管是团队中合作的成员，还是我们日常交往的朋友，抑或是竞争对手，多一些包容，就能多一些气度雅量。这是吸引他人的闪光之处。

善于聆听，不但会让自身的人缘变好，还容易获取更多的信息，同时避免了话多易出错的问题，是品德修养的重要因素之一。

✒ 积极暗示，深挖自身优势、亮点

很多时候，我们的气场之所以不够强大，是因为忽视了自身的力量，通过积极暗示，可以挖掘自身力量，运用潜意识与内在力量联结，提升我们的气场。不妨在一个人的时候，想想自身的优势、闪光点，并且无限放大自身的优点，并不断给予自己积极的暗示：你是最棒的，你会越来越棒的。

✒ 忘记小我，提升自身影响力

当一个人没有小我的意识时，无形中就打开了格局，提升了气度，气场也会越来越强大。不妨在合作中，多服务大家，并通过自身的力量，用显性的"榜样力量"和隐形的"潜移默化"影响大家。

✒ 设置小目标，并用成功不断强大气场

一件事的成功会迅速提升我们在周围人心中的气场、形象。可以通过不断设置小目标，并完美达成这些小目标来提升气场。就像彭于晏出名之前只是一个再平凡不过的胖小子，但是自从给自己定了控制体重的目标后，减肥成功的他颜值飙升，并成了人气爆棚的演员。成功完成这些小目标后，不仅自信心会倍增，就连对自己的掌控力也变得更强，而贵人也会主动向你走来。

从此刻起，就让自己成为一片"凹地"吧，不断吸引能帮助你成长的优秀人士到身边。

非零和效应：良好的团队合作以双赢为目的

实力相当的双方在谈判时做出大体相等的让步，方可取得结果，亦即每一方所得与所失的代数和大致为零，谈判便可成功。

以上是"零和效应"的含义。然而，如今的人们更趋向于"非零和"，也就是"双赢思维"。

双赢，顾名思义，就是双方都赢，都能获取一定的利益，而不是你死我活、此消彼长或两败俱伤。

就拿很多情侣的分手来说。很多情侣的分手原因不是大是大非或道德品质败坏等问题，而是对鸡毛蒜皮的小事的争吵。在这些争吵中，男女双方都想对方能退让一步，让自己成为争吵的"胜利者"。可结果是谁都不愿意退让，最终让小争吵不断升级为大矛盾、大隔阂，甚至到了最终不得不分手的地步。

若在争吵中，双方都各退一步，多包容对方一点儿，达到双赢的结果，又怎么会到"不是你死就是我亡"的仇人地步呢？

其实，在如今竞争激烈的社会中，并不乏斤斤计较、不懂双赢的人。尤其是在团队合作中，为了个人利益，在最关键时刻与其他团队成员闹掰，致使大家两败俱伤的人比比皆是。然而，这样的做法最不明智，也是非常有损自身成长的，我们不提倡。而明智的做法是：以双赢的目的寻求合作，实现利益的最大化。具体怎么实现双赢，还须了解能实现双赢的条件和策略。

在团队合作中，想要实现双赢，首先得具备以下五个条件。

具备双赢品格

一个人是不是以实现双赢为目的，还须看他有没有具备双赢的品格（图3-3）。

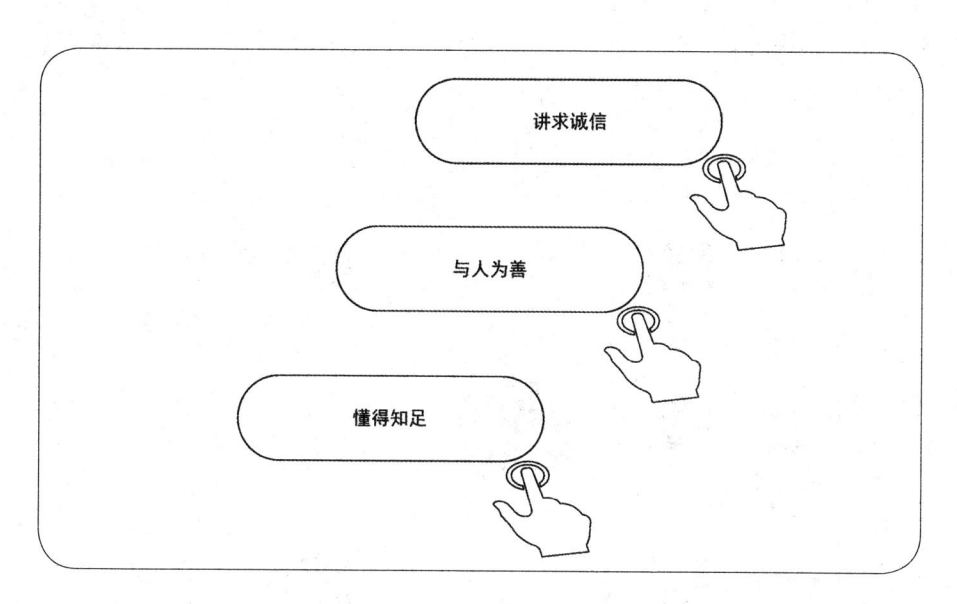

图3-3 双赢品格

讲求诚信的人，能始终如一地忠于自己的价值观、承诺。

能否最终达到双赢的目的，除了敢作敢为的勇气以外，关键还需要合作者具备与人为善的胸襟。

懂得知足，懂得利益共享，不贪，就给团队合作营造了安全氛围。

确认情感账户

双赢的精髓是个人的信用,是相互间的信任,即情感账户,建立双赢关系,就是在双方之间建立了情感账户,这一关系存续能否长久,还要看这一账户中的相互信任因素、是否一致保持坦诚相待、是否能在危急时刻站出来解决问题等是不是够充足。

签订双赢协议

签订双赢协议在团队合作中是必不可少的一环。确立了双赢关系,并最终以实现双赢为目的,接下来一步就是确立双赢协议,将各自的目的、合作的意义等确定下来。具体来说,双赢协议包含以下几个方面内容(图3-4)。

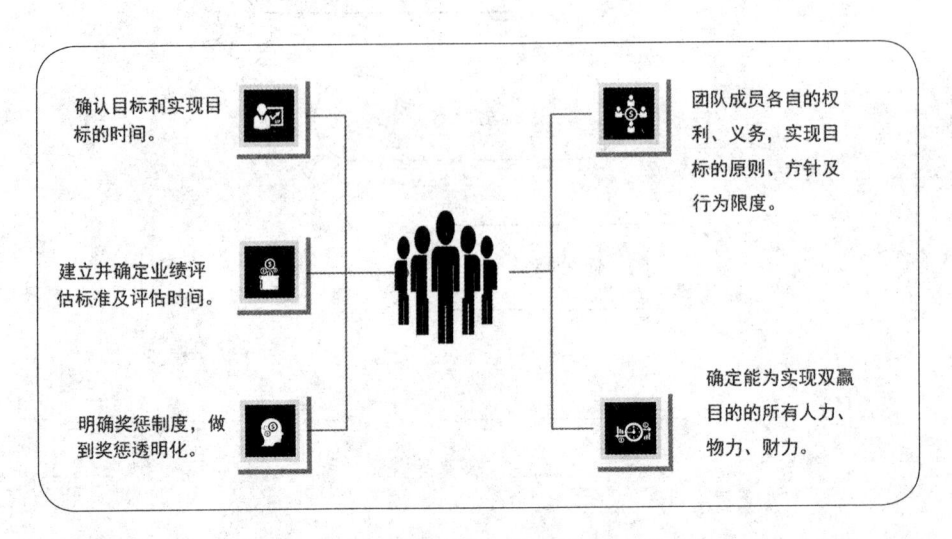

图3-4 双赢协议包含的内容

在图中几个方面的内容中,在确定个人的权利、义务时,还要明确规定对结果负责;在可用资源、奖惩制度、指导原则等的确定上要实现对等,以达成一个有效的双赢体系。有效的双赢体系是实现双赢的基础,否则即便能力很强,双赢思维很好,也难相互成就。

要认清双赢是个过程

想要实现双赢,在合作中就要处处以双赢思维待人、处事,要懂得从对方的角度去考虑问题,要认清主要的问题、矛盾,在解决问题、矛盾时,要确定各种可能的同时也是大家都能接受的途径。

实现双赢的策略

实现双赢的条件都具备了,并且真正步入了为实现双赢目的展开实施的阶段了,此时还要懂得一些策略,促进双赢的达成。具体来说,有以下几点策略。

合作成员间信息共通

团队合作中的各个人员之间必须彼此熟悉,包括对每个人的优势、缺点、喜好、习惯、工作进展情况等都要有所了解。

涉及利益时,给对方多个选择

涉及利益时,不要仅提出单一的一个选择,多准备几种方案,让大家有多个选择,并且从中找到那个最有利于对方的选项。

做增量

尽量将团队合作中可能出现的零和效应延伸到增量思维,进而共赢。比如有人想要提高薪酬,但是单纯给一个人提升,其他人肯定有意见,不提升又无法激发此人的工作积极性,甚至导致其有离职的风险。此时就不妨从分蛋糕变成做大蛋糕,给此人创造能提高薪酬的条件,比如给对方分一些其他人拿不下来的客户资源,或者开拓一个领域让对方负责。如果对方完成了任务,就是双赢的结果。

此外,实现双赢,在团队合作中还要懂得适当退让,"委曲求全"在团队合作中不一定就是坏事。

旁观者效应：责任不清的团队永远没有竞争力

　　社会心理学家拉塔尼和他的同伴发现，当有很多人在场时，会显著降低人们介入紧急情况的可能性。而自1980年以来，有60多个针对这一论断的实验研究，都验证了这一结果。大约90%的实验都证明独自一个人比多人一起更可能向紧急需要帮助的人员提供帮助，而且，实验结果还表明：在场人数越多，受害者所得到帮助的可能性就越小。

　　而早在1969年，拉塔尼和罗丁就进行了相关的实验。他们找来一群受试者，并测试了他们在不同情境下的反应。他们在一个房间内事先安排了一名女子，让她模仿从椅子上重重摔下来的样子，并描述她的痛苦状，比如脚不能动了、骨头露出来了、被重东西压着、脚撤不出来等，整个描述过程大约2分钟。

　　第一种情境：当被试者单独被安排在"受伤女子"的隔壁房间时，听到"受伤女子"痛苦的声音后，有70%的被试者选择了去帮助她。

　　第二种情境：当被试者和两名陌生人被安排在"受伤女子"的隔壁房间时，有40%的被试者选择去帮助她。

　　第三种情境：当被试者和一名消极的实验者助手被安排在"受伤女子"的隔壁房间时，这名助手建议被试者不要去帮忙，结果最后只有7%的被试者去帮助受害者。

在实验过程中，那些没有去帮助受害者的人，认为她受伤并不是什么大事，仅是轻微的扭伤，还表示不想让受害者感到尴尬。

实验想要证明的就是心理学上的旁观者效应。

旁观者效应也被叫作责任分散效应，对某件事来说，由单个个体去完成，可能会使这个个体迸发出超强的责任意识，也会使其为完成此事做出积极反应，但如果要求一个群体共同完成某件事时，个人的责任意识就会减弱很多，面对困难或需要承担一定的责任时，大家会退缩。

导致旁观者效应的原因主要有以下几个方面。

▶ 社会抑制作用

对一件事情的发生，每个人都有各自的看法及想要采取的行动，但是当有其他人在场时，个体就会考量自己的行为会不会出现难堪的局面，会不会没有其他人做得好。当所有人都不采取行动的时候，就会对个体产生社会抑制作用，让个体都不采取行动。

▶ 从众心理

从众心理渗透到了生活的方方面面，包括对一件事情的看法，当大家都以旁观者的角度去看待时，个体往往会遵从大多数人的表现。

▶ 他人会影响认知和判断

有他人在场，个体会因为缺乏对行为措施的心理准备、信息资料，试图通过他人来获取线索和依据，这就直接影响了自身对整体情境的认知、判断。

责任扩散

责任扩散是旁观者效应产生的主要原因之一,责任会被扩散到所有人身上,人越多,个体责任就越少。就拿救助受害者来说,当有很多人在场时,个体就不清楚到底该谁采取行动了,责任被扩散到了在场每一个人的身上,个体甚至都意识不到有救助的责任,进而产生了"我不去救,自然有人去救"的"集体冷漠"局面。

总之,不管什么原因引起的旁观者效应,它的实质都是人多不负责,责任不落实,责任不清。这对于寻求团队合作的人来说无疑是大忌,这样的团队合作也丝毫没有竞争力,很快便会夭折,或者被市场淘汰,或者被其他竞争对手吃掉。那怎样才能避免旁观者效应对团队合作带来的伤害呢?不妨试试以下几种方法。

责任到人

面对一项任务需要多个人去完成时,切不可给出模棱两可的责任指派。

比如,不少团队领导在下发任务时会这样说:"你们几个一块儿把这件事完成,都好好干啊,干不好谁也别想领到奖金。"结果最后往往事情就真的做不好,大家的奖金都领不到,相互之间推诿责任,指责别人不尽力。

这就是责任指派过于模糊,让责任被稀释了。就像上面在分析原因时说的那样,责任被扩散到了多人身上,每个人的责任意识都变得非常薄弱,自然不会很好的完成任务。

遇到这种情况时,不管有多少人,都要从中选出一个责任人。圆满完成了,责任人得到额外奖励;完不成的,责任人就要接受惩罚。选出的责任人将工作细分到每个人身上,这样圆满完成任务的概率就增大很多倍。

责不下沉

很多团队里面有一种顶层领导有权无责、基层员工有责无权的现象,这是领导对责任不加干预的后果,这种现象最终导致的后果很可能是会出错,但出错后领导会揪基层的责任，而自己则表示有失察之责。失察之责说白了就是将责任推脱给下属。

但是，是谁的责任就是谁的责任，领导就该承担起相应的责任，不能将责任越级下沉到基层。就算下沉了，出了问题一样得领导担着。

"一个和尚挑水喝，两个和尚抬水喝，三个和尚没水喝"。在团队合作中，要时刻提醒自己及团队成员，团队共赢是目标，在完成工作时，不能因为责任分散而相互推诿，这样的合作宁可不要。

波克定理：无摩擦便无磨合，从争辩中实现无障碍沟通

美国庄臣公司总经理詹姆士·波克提出：只有在争辩中，才可能诞生最好的主意和决定。

由此也产生了波克定理。

波克定理告诉我们：团队成员之间，如果没有意见上的摩擦，便没有相互之间的磨合，没有相互之间的争论，便产生不了独到的见解。

只有在争辩的过程中，才能找到解决问题的方法，只有相互间的争论，才能得出应对的高论。很多公司热衷于开会，其实原因就在于此，这是集结团队成员智慧的最佳方法，也是找到最符合实际问题解决方案的最佳途径。

举个例子来说。某成立一年多的团队有三个管理层成员，这三个成员因为平时都忙于各自的工作，沟通交流并不多，而且其中一个成员与另一个成员还有一些小摩擦，但一直没能解决。结果这两个成员之间的交流就更少了，有什么意见、建议都通过第三个成员传达。但是第三个成员又是一个善于"和稀泥"的角色，两边都不想得罪，两边打圆场，结果对于一方的意见和建议，另一方完全听不进去。就这样，三个人的合作最终终止，折损了大量的资金不说，还白白搭进去了一年多的时间和精力。

很多团队，不管大小，都在强调"无障碍沟通"。就是团队成员，尤其是团队管理者之间没有分歧，即便有分歧也能很快达成共识。可想要达到这种效果，前期就少不了大量的沟通交流，而沟通交流就会出现争吵，但正是这样一个过程，才让彼此相互有了了解，才真正实现了无障碍沟通。而上例中的三个成员，显然缺乏沟通，而且也没有采取最佳的解决问题的方法。

所以，我们在与团队成员合作时，一旦遇到问题，就要将问题摊开来，大家一起头脑风暴。有不满也要发泄出来，这样其他成员才能理解你，相互之间的关系变得明朗，问题也会变得简单。为什么要这样做呢？以下几个方面是关键因素（图3-5）。

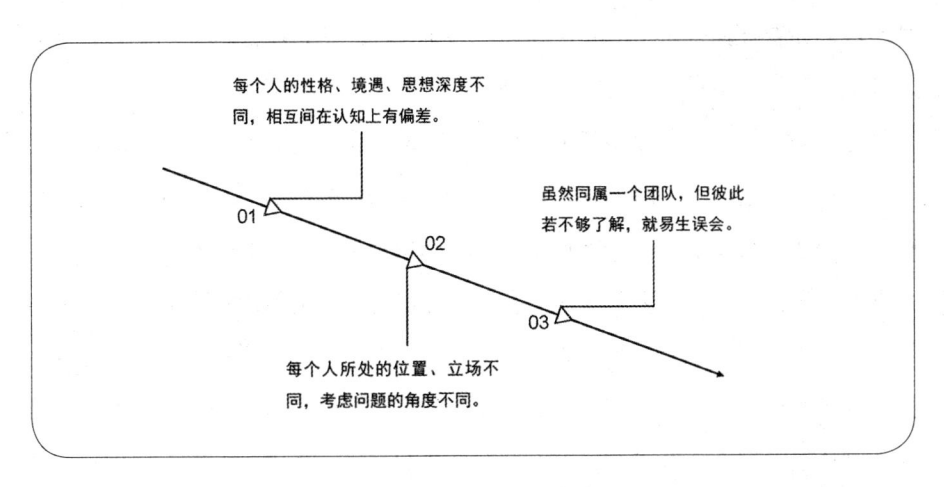

```
            每个人的性格、境遇、思想深度不
            同，相互间在认知上有偏差。
         ↓
         △
         01
                      虽然同属一个团队，但彼此
                      若不够了解，就易生误会。
              △      ↓
              02
                    △
                    03
              ↑
         每个人所处的位置、立场不
         同，考虑问题的角度不同。
```

图3-5　团队成员要沟通交流的原因

谁也不是他人肚子里的蛔虫，个人的见解、想法，只有讲出来，才能让大家听到、理解。碍于情面，总想着一团和气，将不满、分歧藏着掖着，反而会让事情变得更糟糕。不直接面对问题、承认问题，还试图回避或绕开问题，早晚都得出现一次大爆发。所以，在团队需要做出决策时，在团队中出现不同意见、不同方案时，就让大家来一场实实在在的争辩。但是，真正通过争辩实现无障碍沟通，还需要注意以下几点。

✒ 仔细思量反面意见

在团队成员的争辩中，面对领导层和群体的压力进行的反驳、辩论、思考，是最难能可贵的，这些辩驳常常能为许多问题提供解决方案。因此，不管是团队的例会，还是私底下的沟通交流，我们都要给大家营造一种宽松的氛围，让大家没有任何顾虑地将自己的牢骚与不满讲出来，然后从不同的侧面、不同的观点、不同的见解、不同的判断中得出最终决策。

✒ 要争辩却不是吵架

争辩是对事不对人的，是以解决问题为目的的，不是怂恿吵架，因此，在争辩中，还要把握好争辩的角度、语气，秉持公正客观的态度，想方设法找到问题的症结，并探讨解决问题的各种办法。

这种对事的争辩，就算是发展到了争吵的地步也不会伤害彼此间的感情，而且经过多次这样的争辩之后，每个人的性格、思考角度、解决问题的方法等，基本上都能被大家了解，而接下来争吵就会越来越少，从而形成一个高度统一、一遇问题马上找最佳解决办法的状态，此时也就真正做到无障碍沟通了。

但是这种争辩绝对不是肆无忌惮地乱开腔，也不是动不动就争吵，能够正确地提出观点，并鼓励所有成员都积极参与讨论，才是争辩的最终目的，也是团队合作成功的关键。

需要注意的是，不管彼此间的辩驳到了何种地步，是争吵，还是大吵，都是以解决问题为目标，但如果每次不管是开会，还是私底下小范围的沟通交流，总有人"对人不对事"，并且有明显的言语上或肢体上的人身攻击倾向，对这样的合作者都要注意，他可能并不是值得你去长久合作、信任的人。

史密斯原则：与竞争对手除了"死磕"，还有合作

"如果你不能战胜他们，你就加入他们之中。"

这是美国通用汽车公司前董事长约翰·史密斯提出来的，是著名的策略型原则，在团队合作中非常适用。

史密斯原则告诉我们，与对手之间除了"死磕"，还有合作。

从传统思维来讲，与对手之间的关系只有竞争，只有"不是你死，就是我活"，或者"有你没我"的势不两立局面。就像有人提出的那个问题：如果竞争对手掉到河里就快被淹死了，此时你该怎么做？将麦当劳发展成快餐帝国的克洛克认为"拿起水龙头，直接塞进他的嘴里"，这样的姿态在竞争对手面前的确霸气，但在如今市场竞争异常激烈，同时又瞬息万变的时代背景下，如此的"霸气"恐怕只会给自己四面树敌，从而使成长之路举步维艰。若没有如此的霸气，单纯依靠个人的力量单打独斗，那成功的概率就更微小了。所以，为了自身的成长和发展，就非常有必要改变思维。

奥地利生物学家康拉德·洛伦茨认为，不管你多强大，还是不要"置对手

于死地",所以,诸如克洛克那样直接拿起水龙头对准将被淹死之人的喉咙,是不被洛伦茨认可的。那该怎么办呢?不妨采纳林肯的做法:"消灭敌人最好的办法就是把竞争对手变成自己的朋友,那么我们或许真的能一劳永逸。"这一思想与约翰·史密斯也是一致的,就是与竞争对手"化干戈为玉帛",变对手为"盟友"。

当然,想要与竞争对手形成合作,也不是相互递一句话就可以做到的,一定有双方都觉得有合作必要的因素在起作用。那到底该注意哪些因素呢?下面就来具体看一看。

☞ 寻求共同利益

没有永远的敌人,只有永远的利益。与竞争对手寻求合作,目的非常明显,就是通过合作获取利益。因此,想要和竞争对手合作,就一定要让对方看到"共同利益"。

比如通用汽车和戴姆勒－克莱斯勒都想开发电气混合动力型汽车,于是两家汽车巨头暗暗较着劲。但是,它们很清楚,自己的面前还有丰田和本田两个"硬家",它们早早就进入了这一市场并处于遥遥领先的地位,想要和这两个"硬家"同分市场,就要提升产品开发速度,在最短时间内推出最具竞争力的混合动力技术。于是,原本暗自较劲的通用汽车和戴姆勒－克莱斯勒开始合作,最终在该市场上为两家公司都争得了一席之地。

还有微软和SUN公司之间,20多年间,它们在市场和技术产品方面的明争暗斗从来不曾停止过,甚至双方总裁还曾打过口水战。但是"微软和SUN将为产业合作新框架的设置达成一个十年协议"的合作让世人看到了,只要有共同的利益,没有谁是不能合作的。

所以,想要寻求对手合作,就一定要让对手看到彼此间的共同利益。

优势互补，各取所需

除了有共同利益促使竞争对手更愿意寻求合作以外，优势互补、各取所需，也是竞争对手寻求合作的因素之一。

如今是信息化飞速发展的时代，有的人有人脉，有的人有资源，有的人有资金，有的人有技术……但他们都"各自为政"，不寻求合作，恐怕都难成就一件事，即便能成，也仅是一个比较狭小的领域，无法做大做强。而在不损害各自的竞争优势下，通过合作，优势互补，将人脉、资源、资金、技术等充分结合在一起，共同分担成长中的成本与风险，共同分享成长中的收益，如此便能相互成就、相互成长。铁姆肯公司旗下的工业集团总裁阿诺德就说过："企业可能无力独自承担做某些项目的成本，但是如果与其他企业合作，就可以由大家共同分担这些成本。竞争对手之间的联手合作并不会损害各自的竞争优势。"

比如佳能和惠普，在面临全球化和竞争压力加剧的情况下，他们选择合作，主要就是为了优势互补，佳能有硬件优势，负责制造墨盒；惠普有商业软件优势，负责提供软件、控制打印机的微处理器及打印机的商业推广。而最终这一战略联盟让他们双方都获益良多。

因此，在与竞争对手寻求合作的时候，就不要吝惜你的价值和优势了，完全展现出来，比如，你在政、商两界有着广泛的人脉，或者你有大笔的闲置资金，抑或你掌握着先进的技术……这些都是你与竞争对手寻求合作的"筹码"。

当然，在成长的过程中，除了要寻求与竞争对手的合作以外，还要记住一句话："为竞争而合作，靠合作来竞争！"

合作是为了让自己变得更强大，以增强在市场中的竞争力，同时合作能够提升与市场其他对手的竞争力。

举例来说。当初比尔·盖茨的微软公司还是个"无名小辈"，IBM则已经发展成电脑行业的大亨，两者相比，简直是天上和地下之别。盖茨虽有雄心和已经研发出来的操作系统，但苦于当时的微软实在太弱小，盖茨想要实现抱负纯属空谈，于是他便想到与 IBM 合作，并通过软件开发的优势获得了合作机会。

正是与 IBM 的合作，微软逐渐强大起来，并与 IBM 从合作的关系逐渐变成了竞争关系，微软和 SUN 公司的合作，其中也不乏对付 IBM 的意味。

成长路上尽量避免"唯我独尊"，《菜根谭》中有句话说："人情反复，世路崎岖。行不去处，须知退一步之法；行得去处，务加让三分之功。"人情反复，人生路崎岖，行进路上该退让就要退让，该给予就要给予，但同时，不要忘记在纷繁复杂的市场中多一些竞争意识。

第四章

情绪思维：别让负面心态影响你的未来

一个人是否能够取得更长远的发展，很多时候取决于这个人是否具有控制情绪的能力。正如拿破仑所说的那样："能控制好自己情绪的人，比能拿下一座城池的将军更伟大。"没办法控制情绪的人是没办法让自己快速成长的。试想，在悲伤、郁闷、暴怒等负面情绪控制下，谁还能做到心平气和地工作呢？谁还能心平气和地与对面的合作伙伴共商对策呢？谁还能意气风发地赶在见客户的路上呢……想要快速成长，就要懂得用优秀者的思维来控制情绪。

野马结局：自控情绪，是帮你实现目标的综合能力

非洲草原上有一种吸血蝙蝠，它们依靠吸食动物的血生存，常常趴在野马的腿上吸野马的血，任凭野马暴怒、狂奔，蝙蝠则泰然自若地在野马的身上吸足吃饱后才离开，为此不少野马被活活折磨死。其实，吸血蝙蝠在野马身上所吸的血量极少，野马的死完全是暴怒和狂奔造成的。

这就是野马结局。

野马结局告诉我们：因为芝麻大的小事就大动肝火，最终伤害的只是自己。

原本野马可以忍一忍，待到蝙蝠自己飞走就相安无事了，可是，为了摆脱掉蝙蝠，野马在愤怒中不停狂奔。野马不懂管控自己的情绪，因此才导致了最终死亡的结局。

很显然，野马的结局是一个悲剧。然而，现实生活中，有多少类似这种野马的人在不懂自控的情绪中迷失了自己呢？又有多少人因为"一时冲动""一气之下"毁掉了自己原本光辉、灿烂的人生呢？

张辉是某上市集团销售一部的经理，他的能力是高层领导有目共睹的，因此，高层领导一直想给他一个更高的位置让他发挥，于是便想着让他担任销售

总经理的职位。不过为了让这个职位显得更适合他，高层领导交给了他一个艰巨的任务——拿下集团最大的一个客户，这个客户直接关系到与对手的竞争能否取得胜利。

一切进展都很顺利，张辉很快便与客户约定了见面的时间、地点，很显然，能够约定见面，成功的概率提高了很多了。然而，让人没想到的是，在赴约的前一天晚上，张辉与几位友人相约去饭店吃饭，杯盏交错中，张辉与其中一位友人发生了口角，最后竟然发展到了大打出手的地步，其他几位拉也拉不住，结果一不留神，张辉举起椅子朝着友人的头拍了下去，友人当场昏厥过去，而张辉也很快被警察带走了，在拘留所待了5天，直到友人醒过来，并决定不起诉他才被放出来。可5天的拘留使张辉错过了他人生中最大的一次机会，他没能见到客户，而客户因为他的爽约与对手公司签订了合同，给张辉所在公司造成了巨大损失，张辉被解雇了！

约翰·米尔顿说过："一个人如果能控制自己的情绪、欲望和恐惧，那他就胜过国王。情绪就是心魔，你不控制它，它便吞噬你……"生活中，像张辉这样的人不在少数，但是若想成为人中骄子，首先就要学会自控情绪。

自控情绪是个人对自身心理和行为的主动掌握、适当控制和调节，是个人的一种综合能力，也是优秀人士近向成功的必备素质。那我们该如何做到自控情绪呢？我们不妨采取以下步骤来应对（图4-1）。

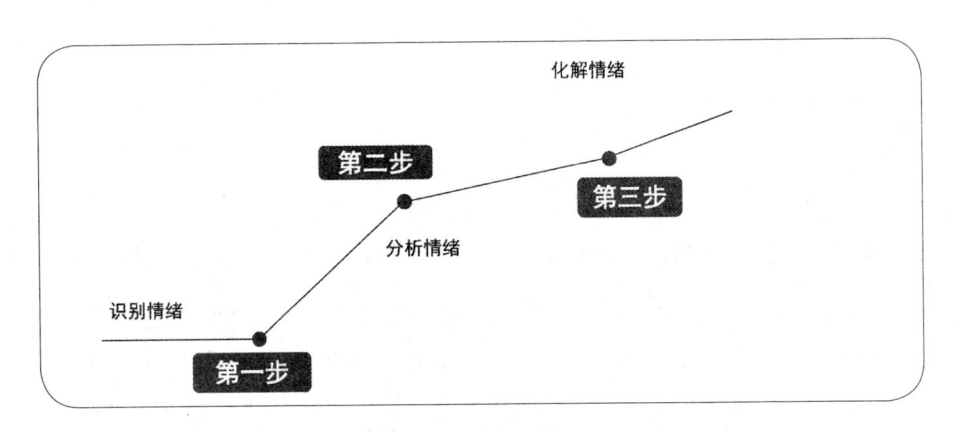

图4-1 自控情绪的应对步骤

接下来我们就一步步来帮大家分析。

👉 识别情绪

自控情绪的第一步就是要意识到什么时候情绪会失控,此时静待片刻,问问自己有什么感受,包括身体和精神上的,这就需要努力去识别它(图4-2)。

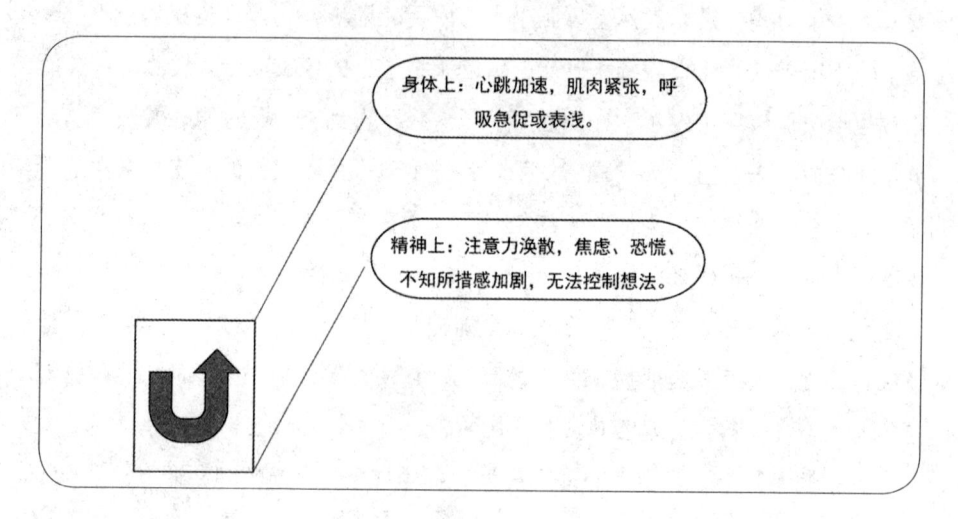

身体上:心跳加速,肌肉紧张,呼吸急促或表浅。

精神上:注意力涣散,焦虑、恐慌、不知所措感加剧,无法控制想法。

图4-2 情绪将要失控时的感受

然后集中思想到情绪上,以最快的速度想一想,如果情绪爆发或延续,会产生什么样的后果。比如你正处于愤怒状态中,马上要爆发了,此时用最快的速度想一下愤怒爆发以后给对方带来的感受、产生的后果,你自身的感受、后果等。

举个例子,比如孩子看电视不写作业,你看到这个情景马上就想发脾气,此时就想想冲孩子发脾气后,孩子是不是会很委屈,是不是写作业会敷衍了事;你是不是会因发脾气导致身体不舒服,是不是会导致全家人都陷入一种压抑的情绪状态,是不是也会因此和爱人产生不愉快。想过之后,愤怒情绪还要爆发出来吗?

▶ 分析情绪

识别了情绪，还要对情绪进行一番分析，找出诱发情绪的根本原因。比如你的闷闷不乐、忧心忡忡来自哪里，你的愤怒是由什么引起的，你的低落情绪源自什么时候、什么原因？

就拿上例来说，导致你愤怒的原因是孩子看电视不写作业。但是真正使你愤怒想要发脾气的，或许并不仅是这一原因。此时就要想一想，还有没有其他的原因呢？是不是在公司遇到不开心的事情了，是不是被老板否定了计划书，是不是工程进展不顺利……通过分析之后，你会找到诱发愤怒情绪的根本原因。比如工作不顺利，你虽然已经回到家了，但还需要让自己冷静下来好好思索一下工作，而此时恰恰孩子看电视影响到了你，你就想冲他发脾气。

▶ 化解情绪

通过以上两个步骤，识别并分析了情绪，找到了诱发不良情绪的根本原因，此时就要想办法化解了。

依然以上面的例子来说，孩子不写作业在看电视，你愤怒情绪上来了，但根本原因是你工作不顺利。你若将怒气发泄到孩子身上，无疑是让这种坏情绪不断蔓延。那么此时有没有更简单的方法让孩子去写作业呢？

直接告诉孩子应该在此刻写作业，或者直接关掉电视，让孩子意识到他的主要任务是做作业，而你自己则在一个安静的环境下冷静思考一下工作，对计划书进行一个复盘，看到底是哪个环节不合理，又有哪些更合理的措施。

或者直接走出屋门，回到车上，或者到附近的公园散散步，在这个过程中，将工作梳理一遍。

也就是说，真正化解不良情绪的办法是解决诱发不良情绪的根本原因。试想，完美做出了计划书，达到了老板的要求，你是不是非常有成就感，那时候的你还能被愤怒的情绪笼罩吗？

光是学会了自控情绪还不行，还得试着让自己长期不受不良情绪的控制，让自己长期能保持一个平和的心态，这才是最终的目的。此时就要有一个能够长期可以让你保持快乐的方法。这里为大家推荐一个"快乐书"方法。

　　这一方法就是将每天让你快乐的事都记录下来，每天都要记录，哪怕一天当中确实没有快乐的事可记录，也要从这天当中至少记下最有意义的一件事，哪怕是被上司责骂了，让你一整天心情很不爽，也要从中总结出教训，是上司的问题，还是自己的问题，如果是上司的问题，那就当磨炼自己忍耐的品性，想想这是为让你变得更强大奠定基础；如果是自己的问题，那就马上修正，修正之后是不是就会让自己开心起来呢？

　　长期坚持记录"快乐书"，你会变成一个乐观、豁达的人，此时生活中的一些负面情绪就很难再伤到你了，而你的宏伟目标也能清晰地指引你前进了！

罗森塔尔效应：优秀的人士都会不断给自己积极的期望和暗示

美国哈佛大学的罗森塔尔教授做过一个非常有趣的实验。他将一群小老鼠分为两组，分别交由不同的实验员去训练，其中，他告诉第一组的实验员说这组老鼠很聪明；告诉第二组的实验员说这组老鼠智力一般。结果，一段时间以后，当对这两组老鼠进行穿越迷宫的方法测试时，第一组老鼠表现得明显比第二组聪明。

于是在老鼠的实验基础上，罗森塔尔和雅各布森拿到了一所学校全体学生的名单，他们从名单中抽取了几个学生的名字，并交给校方说这几个学生天赋异禀，只是还没在学习中表现出来。结果学年结束时，这些学生的成绩果然高出其他学生不少，不仅是成绩，其他各方面表现也都有很大变化。

事实上，不管是两组老鼠，还是抽取出来的几个学生，都是随机分配、随意抽取的，罗森塔尔根本不知道他们谁更聪明，只是在交给实验员及校方的时候的话产生了作用。被告诉老鼠聪明的实验员，得到了积极的期望，在对老鼠进行训练时，就会以聪明老鼠为基础；而智力一般的老鼠，得到的是消极的期望，就会被采取一般的措施。而老师被告知学生天赋异禀，也是得到了积极期望，因此也对这部分学生进行"特别优待"。

这就是著名的"罗森塔尔效应"。

罗森塔尔效应告诉我们：想要达成一定的目标，做成一件事情，只要怀着强烈的期望，并为之付出努力，最终就能让我们期望的事情出现。

大家在生活中一定听过"说你行你就行"的话，其实这就是罗森塔尔效应的实际应用，如果想要一个人发展更好，就应该给他传递积极的期望，让他朝着积极期望的方向努力。

但在生活中，很多人在面对事情的时候总是持消极态度，这给自身的成长、成功都带来了严重影响。世界上但凡有成就、优秀的人在生活和工作中，都会不断地给自己积极的期望、暗示。

为什么给自己积极期望、暗示很重要？

优秀的成功人士之所以会不断给自己积极的期望暗示，其原因，我们可以通过以下表格来了解一下（表4-1）。

表4-1　积极期望和消极期望

	积极期望	消极期望
表现	具备走向成功或取得成就的乐观主义精神，会不断留心并意识到帮助自己获得成功的机会。	认为做什么都不会有收获，做事之前总会想到失败，没有任何行动，但却不断寻找理由和证据证明结果会失败。
积极期望下的说话习惯	"我们可以取得成功。" "我们的成功来自我们共同的努力。" "我相信他能充分发挥他的最大潜力。" "我很自豪我是一名……" "我喜欢专业研发，这也是我不断学习的原因。"	"我们的企业文化就是垃圾。" "他们就是懒，不愿意上班。" "他们根本就不懂得销售，根本就不会创造销售业绩。" "每次的会议都无聊透顶，我只想在会上睡觉。"
结果	更容易实现所期望的结果。	不期望某结果出现，它就很可能不会出现。

通过以上表格我们就能看出来，如果你抱持积极的期望，不断寻求成功的办法，那就能看到成功，但如果你抱持消极的期望，不认为能成功，那成功就会离你越来越远。

由此，我们就能看到积极期望、暗示的重要性，也因此，那些优秀的成功人士才习惯给自己更多的积极期望和暗示。

如何给自己积极暗示最有效

给自己积极暗示要讲求方式方法，才能收获应有的效果，因此要注意以下几点。

暗示句子简单有力

给自己积极暗示的句子不宜太长，要简短有力，比如"我能完成""我有耐心""我擅长写作"等。并且反复强调，进而形成一种强有力的自信。

暗示语要正面说

给自己积极暗示不能有太多的弯弯绕绕，直截了当最好，并且要正面说，比如，"我将问题想复杂了，不复杂的话应该会更快完成"。这样说的暗示力度就不明显，但如果换成"我的工作很完美""我对问题看待明确"，就有感染力了。

暗示语不能模棱两可

在给自己的积极暗示语中，不能出现可能、或许、也许这样模棱两可的词汇。

暗示语也要注意可行性

积极的暗示语要根据实际情况看是不是具备可行性，通过努力实现的概率有多少，如果遥不可及、根本没办法实现，就不要去给自己暗示。比如"我要上火星"，这样的暗示对普通人来说可能就是天方夜谭。

▶ 多给自己积极且较高的评价

自我评价能促进自我认知，但是如果对自己评价太低，会让自己陷入消极的状态中无法自拔，自卑、脆弱、焦虑、抑郁等一系列消极心态都会伴随而至。处于这种心态下的人，又怎么可能获得人生的成功呢？

因此，哪怕自身各方面水平并没有多高，日常还是要多给自己积极且较高的评价。其实这也相当于是在给自己积极的期望、暗示，多给自己积极的评价，终有一天你会成为评价中的样子。

詹森效应：别让焦虑、紧张情绪在关键时刻成为羁绊

一名叫詹森的运动员，实力雄厚，平时的训练成绩相当优秀，可是，只要到赛场上，他就会焦虑、紧张，完全无法发挥出他的正常水平，因此，在比赛中连连失利，让自己和他人很失望。

人们将这种平时表现良好，但由于缺乏应有的心理素质而导致正式比赛失败的现象称为詹森效应。

不仅是詹森，李小鹏也曾经因为紧张、焦虑等问题，在2004年雅典奥运会上发挥失常，被寄予夺金厚望的他，结果仅获得了一枚双杠铜牌。

其实，生活中有很多和詹森、李小鹏一样的人，平时表现优异，但一到关键时刻就掉链子。举个例子。

有个人一直想做讲师，而且他各方面的条件都非常符合讲师的要求，比如语言组织逻辑性强，论断中有理有据，并且非常有演讲的风格。可是三年过去了，他始终没能获得讲师资格。其原因就是，他的优秀表现完全是在私底下，小范围的几个人在一起的时候，他能侃侃而谈。而一旦上了讲台，据他自己介

绍说，他在将要上台前，紧张的情绪就会跟过来，哪怕自己再怎么跟自己说不要紧张都无济于事，等到了台上，大脑更是一片空白，不仅忘记了内容，就连说话也会变得磕磕巴巴。

　　焦虑、紧张的情绪让以上几位人士没能最终获得成功，或者没能拿到最佳成绩，对于追求成长和提升的我们来说，焦虑、紧张依然是摆在我们面前的拦路虎，我们必须战胜它，才能继续我们前进的脚步。但在战胜它之前，我们首先要弄清楚焦虑、紧张的原因（图4-3）。

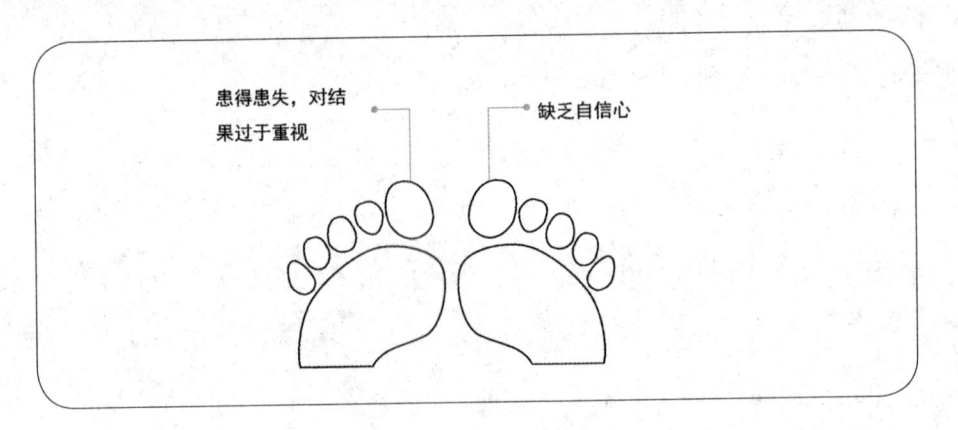

图4-3　焦虑、紧张的原因

　　我们在此说的焦虑不是医学上的焦虑症状，是临场发挥失常的紧张情绪，而患得患失和缺乏自信心是临场出现紧张情绪、焦虑的最重要原因。比如，由于患得患失，不停地跟自己说"我必须成功，否则我就没脸见人了""结果可别不理想啊，否则前程就断送了"等，这些非理性观念都会导致紧张、焦虑情绪的产生。

　　同时，如果平时不够努力，没有用心准备，临场也会出现紧张、焦虑情绪。

　　了解了焦虑、紧张的原因，想要在关键时刻不掉链子，我们不妨试试以下方法，来迅速让自己镇定，顺利过关。

转移注意力

当焦虑、紧张情绪出现时，不妨暂时将注意力转向其他事情上，比如抬头看看窗外，想想紧张的事情之外的事情，让自己暂时从紧张的事情中抽离出去。或者起身，暂时离开让你紧张的地方，做做身体放松运动，让心情平复下来。如果时间充裕，还可以到郊外、海边散散步，或者去爬爬山，将焦虑、紧张的情绪彻底放下。

幻想

幻想是缓解焦虑和紧张的好方法之一。当焦虑和紧张的情绪来临时，可以马上想象自己正在绿草悠悠的空旷大草原上，那里只有你，只有风，只有天上的朵朵白云。也可以想象在阳光和煦的海边，踏着轻柔的沙滩，吹着徐徐的海风，任由一波波海浪冲刷着脚丫……那一刻，将自己完全放空，尽情享受在阳光、沙滩、海浪的恣意中。虽然仅是短暂的幻想，但是对于缓解焦虑、紧张的情绪效果却是明显的。

腹式呼吸

焦虑和紧张会让人的呼吸变得浅而快，导致吸入体内的氧气不足，更加重了焦虑和紧张情绪。此时我们可以尝试一下腹式呼吸法，这种方法能够增加氧气摄入量，有助于人体和大脑的放松。

具体有以下步骤：

第一步：找一个安静舒适的环境，坐下或仰卧躺下，闭上双眼，尽可能让身体舒展，让全身肌肉放松；

第二步：深深吸气，让吸入的气体直达腹部的丹田，同时，双手放在小腹上，感觉慢慢隆起的小腹；

第三步：吸气完成后，默数 5 秒，然后嘴唇微微凸起成"O"形，缓慢而匀速地呼气。

重复以上步骤 15 分钟左右，直到整个身体感到平静。

▶ 肯定自己

当焦虑、紧张的情绪袭来时，反复用积极暗示的方式告诉自己，"我可以""我要赢""我能行""我不紧张""平静下来"等，通过这样反复的暗示，可以帮助自己渐渐消除呼吸表浅、大脑"缺氧"状态，也能让手心冒冷汗等本能反应消除，从而进入正常情绪状态中，让自己逐渐平静下来。

临场或重要的事情将要来临时，焦虑、紧张的情绪会影响我们的正常发挥，让我们失去更进一步的机会。因此，我们要重视焦虑、紧张的情绪，采用最适合自己的办法将它们消除。

拍球效应：成长需要压力，但也要懂得解压

在拍球时，用的力越大，球跳得越高。

这就是"拍球效应"。

拍球效应告诉我们：承受的压力越大，激发的潜能就越大；反之，人的压力越小，潜能被激发的程度就越低。

有这样一个小故事，可以帮助我们来理解压力的重要性。

一艘货轮在保持空船运行途中，遭遇了恐怖的风暴天气，水手们惊慌失措，不知如何是好。此时经验丰富的老船长果断地让水手们将货舱打开，向里面灌了一定的水。水手们都很不理解，认为往船里灌水只会加速船下沉的速度，认为船长肯定疯了。但是忌惮于船长的威严，水手们还是照做了。

让水手们没想到的是，随着灌入货舱内的水越来越多，船受风暴的威胁渐渐小了，再后来，货轮竟然在风暴中平稳地前行了。

确定安全后，船长对慢慢平静下来的水手们说："只有根基轻的小船才容易被打翻，百万吨的货轮在负重的时候是最安全的，反倒是空着的时候更危险。"

老船长运用了拍球效应，才确保了货轮和所有船员的安全。同时，这个故事也告诉我们，不管是生活，还是工作，都要有适当的压力，才能让我们更平稳地前行。

其实，生活中不少人因为安于现状，失去了继续前进的动力。可是在如今竞争异常激烈的社会大环境下，不前进就等于后退，如果只是安于现状，只会越来越跟不上社会发展的节奏，最终的结果就是被社会淘汰。

而走在社会前端的成功人士从来不会让自己安于现状，或者说不会给自己过于安逸的生活，就算他们已经拥有了最好的生活，他们还是会不断地学习，让自己始终保持前进的状态。因此，平凡的我们应该学习这些成功人士的思维方式，给自己适当施加一些压力，跟上社会发展的脚步。

适当施压，让自己有继续前进的动力

人生如逆水行舟，不进则退，适当给自己施压可以促进个人的成长，但是需要注意的是，这个压力一定要根据自己所能承受度来定。就像一只气球，适当的压力可以充涨气球，让气球发挥它的价值，但是如果压力太大，气球就会爆掉。就像上面故事中的货轮，如果老船长经验不够丰富，虽然知道往船里灌水可以让船平稳下来，但如果超出了船的承载能力，不用风暴，船自己就会沉没。

人也是一样，在给自己施压的时候，不能太小，太小起不到激发动力的作用；太大，又会压得人透不过气来，反倒会抑制前进的动力。

给自己施加压力的最好办法，就是制定一个稍微努力就能实现的目标。比如，一个人从事图书编辑工作，但是因为生活没有压力，完成一本书的时长总要比同事晚20天左右的时间。但后来，他给自己定了一个目标，就是每天都要完成5000字的工作量，这是他稍加努力就能完成的，并且立即行动了起来。结果就是他不仅再也没拖过书稿，还有了大量时间来做文案。

需要注意的是，给自己施压不是自我折磨，而是为了不让自己的意志消退、斗志丧失、脚步落后。这也是成功人士之所以会不时地给自己施压的原因，他们要始终保持自己的激情，始终保持睿智的头脑，甚至保持年轻的心态。

在面对较大压力时要会纾解压力

在没有压力时要给自己施以一定的压力，而有的人给自己的压力太大，导致生活没有丝毫的幸福感、成就感，这种情况一样会阻碍前进的脚步。因此，在面对太大压力时，我们还得学会纾解压力。下面几种方法不妨借鉴一下。

肌肉放松训练

放松全身肌肉，能起到减压作用。

方法：平卧于床上或地板上，然后开始从头到脚放松身体的每一块肌肉，先是额头，等额头舒展开来以后，再放松面部、颈部的肌肉，依次向下，直到让整个身体都处于放松的状态中。

改变思维习惯

错误的思维习惯会无形中给人带来很大压力，改变思维习惯就能起到减压的作用。具体有以下几种方法（图4-4）。

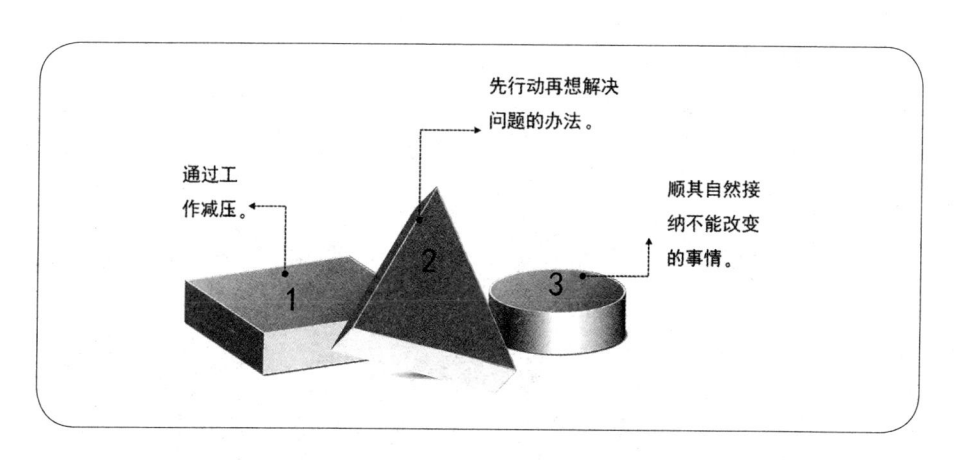

图4-4 改变思维习惯减压的方法

在以上三种方法中，第三种方法——顺其自然接纳不能改变的事情——容易理解，既然无法改变，那就接纳它。

而通过工作减压这点，大家可能不太理解，但如果现在说到工作狂，大家是不是觉得他们就像没有压力似的呢？他们以工作为乐趣，只要工作就开心。当然，这里我们要说的不是工作狂，毕竟生活中这样的人还是太少，所以，我们主要是针对因为工作会产生压力的人来说。怎么减压呢？就是将注意力转移到不会造成压力的随手就能完成的工作上去。比如为一个文案一晚上没睡觉，第二天早上在晕晕乎乎的状态下更没有思路，此时就不妨不去想它，直接去做点儿其他的与这个文案不相关的工作。

第二点也好理解，很多时候压力都是想出来的。比如一个人想要创业，可是没行动，只思考，结果想来想去，压力就如大山般压过来了。此时不妨不去思考，先行动起来，在行动中遇到问题直接想办法解决。当然，这属于比较冒进的一种方法，还得慎用，那些"思想的巨人，行动的矮子"不妨一试。

借助压力应对策略

压力的应对策略具体有以下几种（图4-5）。

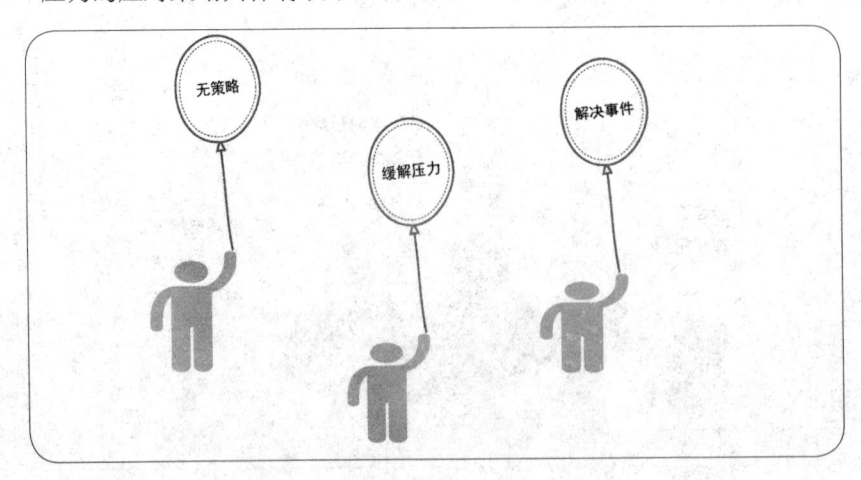

图4-5 压力的应对策略

缓解压力好理解，上面的缓解办法都可以采用。

无策略，就是不用去管压力，让它自行消退。但有时候也可能会积累到很大的压力，此时就要减压了。

解决事件这点，就涉及压力的产生根源了，找到压力的来源，并去改变它，直到压力消退。比如工作失误给你造成了很大压力，那么后期通过努力，将失误造成的损失再弥补回来，就能让压力得到缓解。

卡瑞尔公式：接受最坏的情况，追求最好的结果

威利·卡瑞尔，这个开创了空调制造行业的人，年轻时曾在纽约水牛钢铁公司担任机修工程师。一次，他到密苏里州去安装一台瓦斯清洁机，可是这台机器没能达到质量标准，勉强能用。为此，卡瑞尔焦虑得无法入睡，不过他很快便意识到，问题不能在忧虑中解决。于是，他便从忧虑中挣脱出来，改变了思路。

他首先问了自己一个问题：这件事情最坏的结果是什么？问过之后，他给出了自己答案，也就是老板拆了整台机器，然后炒掉自己。

想到这个最坏的结果以后，卡瑞尔接着又问自己被炒掉之后怎么办，结果他发现机修工程师的工作并不难找。也就是说，即便是最坏的结果，他依然可以接受。

有了这个意识以后，他最后开始心平气和地通过实验的方法想解决瓦斯清洁机的办法，结果发现，只要再多加一些设备，问题就能解决。

最终，公司没有损失，卡瑞尔也没有被炒掉，同时收获了一个提高质量的改进方案。

这就是卡瑞尔公式的由来，是后来由成功学大师戴尔·卡耐基根据卡瑞尔的经历总结出来的一个解决忧虑情绪的办法，那就是：接受最坏的情况，集中

精力追求最好的结果。

生活中,我们都会不可避免地遇到一些忧虑、担心、烦恼的事情,遇到这些并不可怕,怕的是我们不敢接受事实,不懂在困境中寻求解决问题的办法。但是成功的卡瑞尔没有在困难中消沉、萎靡,而是让自己保持清醒,并积极寻找办法。因此,我们在遇到困难,陷入忧虑、烦恼的情绪当中时,不妨学习卡瑞尔,通过以下三个步骤使自己走出困境,这也是卡瑞尔公式的精髓(图4-6)。

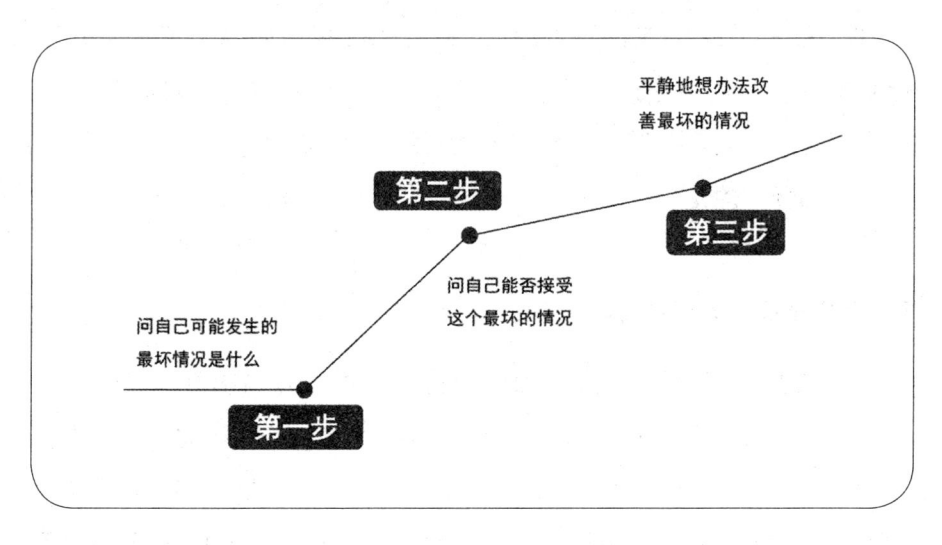

图4-6 卡瑞尔公式

当然,想要顺利通过卡瑞尔公式的三个步骤,还需要我们在面对困难时具备以下一些基本素质。

具备置之死地而后生的勇气

想要接受最坏的结果,就得有置之死地而后生的勇气。

因为一则征兵广告,很多年轻人都踊跃应征入伍,这到底是怎样一则广告呢?它的内容是这样的:

"来当兵吧！当兵其实并不可怕。当兵后，你要面对的无非两种可能：有战争或者没有战争！没有战争，你有什么可害怕的呢？有战争后又有两种可能：上前线或者不上前线，不上前线有什么可害怕的呢？上前线又有两种可能：受伤或者不受伤，不受伤又有什么可害怕的呢？受伤后又有两种可能：轻伤或者重伤，轻伤有什么可害怕的呢？重伤后又有两种可能：能治好或者治不好，能治好有什么好害怕的呢？如果治不好就更不用害怕了，因为你已经死了，不会再知道害怕了。"

能够接受最坏的结果，需要克服自身的恐惧心理，这就需要莫大的勇气。生命对人来说是最珍贵的，死亡会夺取人的生命，不可谓不是最可怕的，但同时，死亡也让人完全没有了恐惧、害怕的可能。如果连死亡都能接受，其他又有什么接受不了的呢？

保持冷静、清醒的头脑

保持冷静、清醒的头脑，才能真正通过卡瑞尔公式解忧除困。

第二次世界大战期间，一艘日本潜艇在某处海滩意外搁浅，这还不算什么，更糟糕的是，这艘潜艇很快就被美国侦察机发现了。也就是说，可能几分钟后，美国飞机就会将潜艇炸得粉碎。一时间，潜艇上的日本官兵都陷入了慌乱和绝望之中。艇长虽然也不知如何是好，但却尽可能地让自己保持镇定，并试图让官兵们镇静下来。于是他点起一支香烟，悠然地抽了起来。

官兵们见他如此，想着他肯定有了主意，于是迅速靠拢过来，趁此机会，艇长马上组织大家思考对策。大家不再慌乱，办法也很快想出来了：很简单，官兵们以整齐的步伐，从左舷跑到右舷，再从右舷跑到左舷，就这样，搁浅的潜艇在左右摇摆中，慢慢向深水区移动了。美国轰炸机来了，但他们的一通狂轰滥炸也只不过震碎了浅滩的礁石，而那艘他们真正要炸掉的潜艇，已潜入了深海。

遇到困难时，只有马上让自己冷静下来，才能迅速找到解决问题的办法。

因此，以后在遇到困难、忧虑的事情时，我们不妨先问自己三个问题：

最坏的结果是什么？

能不能接受这个最坏的结果？

有没有办法不让这个最坏的结果发生？

踢猫效应：不要拿别人的过错来惩罚自己

一位父亲因为在公司受到老板的批评，回家后看到在沙发上不断跳来跳去的孩子更为心烦，于是便对孩子大骂了一顿。结果，孩子莫名其妙地被父亲骂了一顿，心里很是委屈，于是就向一边正在玩耍的猫踢了过去。猫迅速逃到街上，没想到迎面刚好来了一辆车，这辆车为了避让这只猫，却将站在路边来找猫的孩子撞伤了。

●——●●——●

这就是心理学上著名的踢猫效应。

踢猫效应告诉我们：不满情绪和糟糕心情，会因为对弱于或低于自己的对象发泄而产生连锁反应，从金字塔尖一直蔓延到塔底，无处发泄的最为弱小的元素则会成为最终的受害者。

现代社会，不管是工作还是生活，压力都非常大，竞争也是异常激烈，在这种社会大环境下，人很容易情绪不稳定，一点点小事就会导致其极度愤怒，如果不及时调整，很容易让自己带着这种负面情绪加入"踢猫"行列中，不是被别人踢，就是踢别人。

然而，世间万物，对人体健康损害最大的莫过于生气，不管是暴跳如雷的"怒气"，还是暗自幽怨的"闷气"，抑或是满腹牢骚的"怨气"，又或者是百口难辩的"冤枉气"等，都对身体有严重危害。因此，中医向来有"百病生于气"的说法。

美国生理学家爱尔马做了一个实验：他将人们不同情绪状况下的"气水"收集在一起，并将悲痛、悔恨、生气和平心静气时呼出的"气水"作对比。结果显示：平心静气的水沉淀后，没有任何杂质，清澈而透明；悲痛的水沉淀后显白色；悔恨的水沉淀后呈蛋白色；生气的水沉淀后是紫色。而将这种紫色的水注射到大白鼠身上，几分钟后，大白鼠就死了。

当然，不懂控制怒气，不仅仅是对人体健康不利，对个人的成长、事业的发展等都是极为不利的。作为画家、文艺评论家、作家的陈丹青讲过："我几乎从来不生气，因为我认为没必要，有问题就去解决，不要让别人的错误影响自己。这是我大多时候感到快乐的秘诀。"因此，我们要看到那些让人们仰望的"人上人"，他们在对待自己的负面情绪时是非常理性的，他们从来不会动不动就发脾气，不会拿别人的错误来惩罚自己。所以，想要有所作为，就不要因别人的不良情绪阻碍自己的成长。这就要求我们做好以下两点。

把注意力放在控制自己的情绪上

光线传媒的总经理、作家刘同说过一句话："如果一个人影响到了你的情绪，你的焦点应该放在控制自己的情绪上，而不是影响你情绪的人身上。"也就是说，当他人因为情绪不好惹到你的时候，此时你尽量不要和他正面"硬刚"，想办法控制自己的情绪，将注意力从他人的身上转移。

记住垃圾人定律

垃圾人定律，说的是一个人（甲）坐在朋友（乙）的车上与朋友闲聊，不料前面的车子突然急刹车，乙的车差点儿撞到前面的车。此时前面车上下来一位男子（丙），看了看自己的车，然后冲着乙就大骂道："神经病啊，你怎么开的车？你会开车吗？不会开就不要开……"

很明显，是丙急刹车在先，乙的车才差点儿撞上，然而丙破口大骂，乙却无动于衷，还微笑着冲丙招了招手。此时甲就不理解了，问乙："明明是他的问题，他那么骂你，你怎么还可以这么友好？不行，我要去骂他几句。"说着就要拉开车门下车。

此时乙赶紧拦住了甲，并说道："没必要，兄弟。人啊，就像一辆垃圾车。"一句话把甲说蒙了，于是继续听乙说下去。

"就像前面这个人，他们带着太多的垃圾，愤怒、抱怨、烦躁、失望……当他们的承载能力达到极限时，他们就需要找一个地方将垃圾倒掉，有可能倒在你身上，有可能是我身上。我们不需要太在意这些。太在意了，就是在将他们的垃圾带在自己身上。此时只要冲他们招招手、笑一笑，垃圾就从你身边被带走了。"

垃圾人定律很显然教会了我们如何回避别人的不良情绪。

✒ 掌握快乐定律

快乐定律，说的是遇到困难、麻烦时，不要让情绪变坏，只要你愿意，或者直接往好处想，你就能快乐。假如有天你掉到河沟里了，也可以想是不是刚好能抓到一条鱼。

野象小姐在《越悲怆时候，我就越想嬉皮》中写过一段话："不要老沉溺在自己的情绪中，别怨天尤人，不要把所有时间都花在剖析与朋友的感情和对未来的惶恐不安上。想整天乐呵呵心情变开阔，走出自己狭隘的生活圈，活得真切，秘诀就是都去做好事，经常原谅别人。这样你会越来越开心。这绝对是真的。"多让自己快乐，不去理会他人的坏情绪，自身的不良情绪得以控制，快乐也能像金字塔一样从塔顶到塔底蔓延下去。

及时修好那块"破窗"

心理学上有个破窗效应，说的是一旦一块窗户破了，后面就会紧跟着有更多的窗户被打破。这一心理学效应用于情绪也是一样。一个人一旦陷入负面情绪，似乎后面所有的事情都不如意，总是莫名其妙地遇到各个方面的打击。但是，一旦我们振作起来，用一种积极向上的心态快速修复好最初那块被打破的"窗户"时，我们眼前的一切都变得明朗、透彻，整个生活再也没有暗淡的颜色。

因此，我们要积极面对并及时调整负面情绪，不让自己成为那个"踢"人的人和被"踢"的人。

情绪ABC理论：从积极的角度看问题，收获不一样的心情

美国心理学家埃利斯认为，激发事件A（Activating event）只是引发情绪和行为后果C（Consequence）的间接原因，而引发情绪和行为后果C的直接原因，则是个体对激发事件A的认知和评价而产生的信念B（Belief）。也就是说，人的消极情绪和行为障碍结果C，不是由激发事件A直接导致的，而是由人们对事件的认知和评价产生的，而且是由不正确的认知和错误信念B直接导致的（图4-7）。

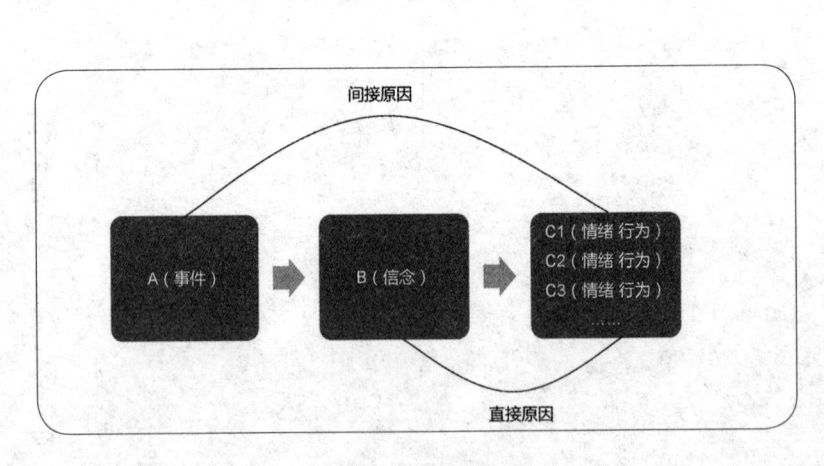

图4-7 情绪ABC理论

也就是说，在同样的事件 A 下，可产生不同的后果 C，这是因为从 A 到 C，中间经历了 B，也就是个体对事件的看法。个体对 A 有什么样的评价和认知，就会产生什么样的后果 C。由此就得出结论，事情发生的一切都源于我们的认知，也就是我们对事件的解释、评价、想法等。

这就是情绪 ABC 理论。

提出这一理论的心理学家埃利斯认为：正因为我们存在的一些不合理信念，导致我们经常被不良情绪困扰。

举个例子来说。在北京每天挤地铁上下班的人都知道，上下班高峰期时，整个地铁上人贴人、人挤人，能有一个站脚的地方已经不错了。在这种情况下，被踩脚、被推搡的现象很常见。出现这些现象的原因是上下班乘坐地铁的人非常多（情绪 ABC 理论中的 A），可是，有些人却认为这是自己被针对（情绪 ABC 理论中的 B），所以，便生出了不满甚至是愤怒的情绪，一定要找到那个踩自己脚或推搡自己的人理论一番（情绪 ABC 理论中的 C）。这是由于认为别人故意踩脚或推搡而产生的后果。这也是每天大家都那么忙、那么累、那么赶时间，依然会在拥挤的地铁上听到大声的吵嚷声的原因。

但如果换一种想法呢？不认为自己是被故意针对的，只是因为地铁人太多、太拥挤，别人不小心而已，没必要跟人过不去。产生的后果可能就是一笑而过的淡然吧。

而那些成功人士是怎么做的呢？如果有天他们也有幸挤挤无处落脚的地铁，遇到这种事情一定会淡然一笑，或许他们还会认为那个连脚都不知道该放在哪里的人很可怜吧，他们一定会想尽办法腾挪一下地方，给那个人提供一个能放脚的位置！

因此，为了不让消极、负面的情绪成为我们成长路上的绊脚石，我们就要从以下几个方面来看问题，尽量避免不合理、错误的信念导致不良的情绪发生。

▶ 从积极的角度看问题

如果你内心对某件事产生负面情绪时，不妨试着从另外的角度来重新思考一下。

举个例子。工作过程中，上司通过 QQ 询问你手头上工作的进展，这可能就是常规的询问工作进度。

但是，当你看到上司的询问之后，心情开始起波澜了，有些不太舒适：是不是上司认为我工作不够努力，想要找人来替代我？我已经很努力了，上司觉得我的进度还是太慢？

于是，你在回答上司的询问时，告诉他基本完成了，但事实上，还需要一些时间来收尾。结果上司听说基本完成了，便与你一起约定最后结束工作的时间。此时你说的时间不能太长，因为已经说了基本完成了，然后硬着头皮不得不说一个较近的时间，这样一来，工作就不得不草草结尾，敷衍了事了。上司看到这样的结果会怎样呢？很显然，你的奖金没了，工作转交同事做了，而你很可能会为此辞职回家。

上司询问工作情况，自己妄自揣摩理解上司的意思，产生疑虑、不快的情绪，给出不切实际的答复，最终导致辞职的结果。

这就是不正确的认知和评价产生的错误信念导致了消极负面的情绪和行为结果。

但若是从一开始你就积极地理解上司的问题，将上司的询问理解成是上司在关心、关注你的工作，在询问你工作中有没有存在什么困难，需不需要帮忙等，那么接下来，你的心情会不会因为有上司的关注而马上兴奋起来呢？接下来，是不是也会实话实说，还需要一小段时间收尾？这样也就不会因为时间紧张而草草结尾了，自然后面扣奖金、辞职的事情也就不会发生了。

其实，诸如此类的事情在职场中比比皆是。1997 年，邦德大学管理学教授辛西娅·费希尔就开展了一项研究，是专门针对工作中的情绪的。费希尔的研究显示，职场中最常见有以下一些负面情绪（图 4-8）。

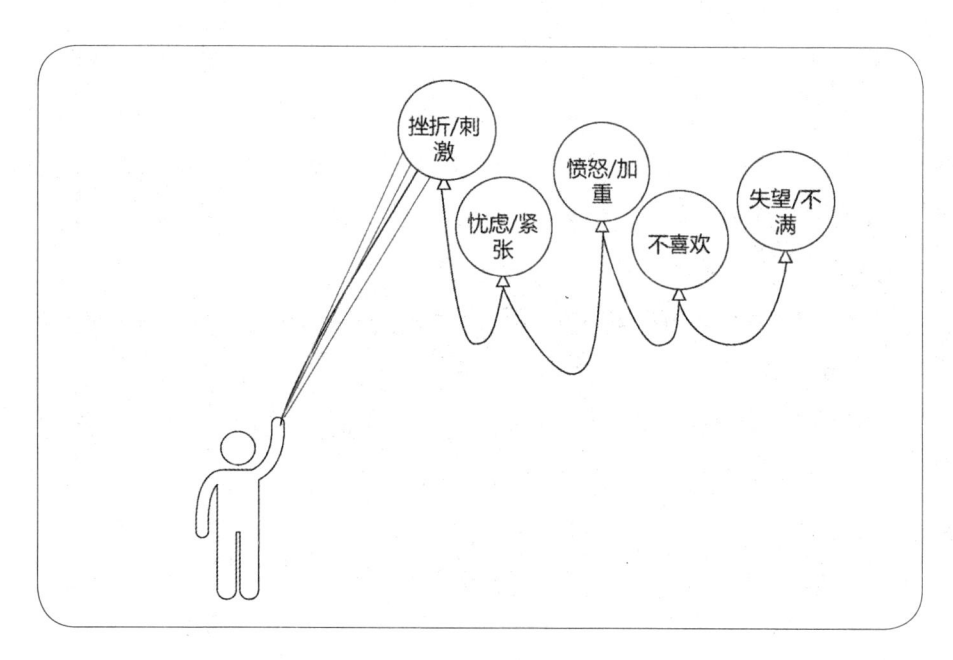

图4-8　职场中最常见的负面情绪

也就是说，职场中，我们经常会被负面情绪所困扰，但是有负面情绪，势必会影响和阻碍工作，甚至影响你的个人发展。因此，在遇到问题时，还是要多从积极的角度去看待和考虑，这样就能产生积极的情绪。

正确看待他人对自己的负面评价

很多人对别人给自己的负面评价很难客观看待，毕竟听着别人说自己不好的时候，心里总是不舒服。但是，这种评价也要区别对待。

如果是有人故意针对你，歪曲一些事实，故意抹黑你，那么你可以想办法找出他们的真实意图，并揭露他们。但如果这些评价不是针对你个人，而是对你的工作、你的想法提出的异议，那就返回去仔细复盘工作，看到底是哪里出了错，此时对评价给出的情绪反应该是感激，而不应是委屈、自责，抑或是不屑等。

比如，在公司全体成员会议中，同事当着大家的面指出你文稿中出现的语言逻辑性问题。诸如这种情况，很多人都会接受不了，你也一样，你认为这是同事当着大家的面让自己难堪，所以对同事心生怨愤。其实，你的文稿中确实存在语言逻辑混乱的问题。那么，此时就不该有怨愤，而是虚心接受，在接下来的工作中将这些问题克服掉。

"一些人往往将自己的消极情绪和思想等同于现实本身，"心理学家米切尔·霍德思说，"其实，我们周围的环境从本质上说是中性的，是我们给它们加上了或积极或消极的价值，问题的关键是你倾向于选择哪一种。"因此，遇到问题我们如果多从积极的角度看待，赋予它积极的价值，就能收获积极的心情。

蘑菇效应：静待花开的日子需要不焦不躁

蘑菇一直生长在阴暗的角落里，不能接受光，没有人们的悉心照料，也不被施肥，全凭自身自生自灭，直到长得足够高了，才被人注意到，而这时候的它已经能接受阳光的照耀了。

这种现象被人们称为"蘑菇效应"，指的是优秀的人才在"羽化成蝶"前的一种磨炼，其中也包括对情绪的磨炼。

很多人在成长的过程中，都会经历一段"阴暗期"——不受人重视，被安排跑腿打杂的工作，经受诸多指责、批评，甚至还要替人背黑锅，抑或直接被无视，任由自己自生自灭。或者有些人已经发展到了一定时期，但因为碰壁，无法突破，进而没了前进的动力和方向，感到"前途茫然"。

当处于"阴暗期"或是"前途茫然期"时，很多人会因此焦躁不安，情绪难以稳定下来，不知道自己到底该怎么办，该往哪里去，惶惶不可终日，只想着能有人可以指点迷津、点亮灯塔。甚至有些人在焦躁、焦虑的情绪下自暴自弃。

其实，这种情况不正像在阴暗角落中默默生长的蘑菇吗？此时若能调整情绪，积蓄力量，总有等到花开、接受阳光普照的一天。当然，在静待花开时，还需要经历以下磨炼。

不焦不躁，耐得住寂寞

其实不光是在"阴暗期"或"前途茫然期"阶段，在如今竞争异常激烈的工作和生活中，很多人都存在焦躁不安的情绪，而这种情绪对个人的成长只会产生阻滞影响。因此，成长过程中，我们需要让自己从焦躁不安的情绪中冷静下来。

看过电视剧《士兵突击》的人，一定会被剧中"不抛弃，不放弃"的钢七连精神所感染，其实这里面还有很多值得我们学习的地方，比如许三多不焦不躁、耐得住寂寞的精神。

草原五班是一个令人绝望的地方，离团部几百里，不被重视，无人问津，看不到任何希望，虽然叫草原，却与荒漠没有区别。在荒漠中时间久了，心也会变成荒漠，没有严格军规的管理和约束，没有营与营、连与连、班与班之间的挑战和竞争，有的是孤独，是不被大部队重视的抱怨和无奈，是浑浑噩噩的自由，是自暴自弃的沉沦……这种境况跟我们很多人的"阴暗期""前途茫然期"又有何异呢？

但许三多不一样，他没有抱怨，没有自暴自弃，他始终知道自己是个兵，要做"有意义的事"。在其他人都享受"自由"的时候，他以新兵的标准严格整理内务、晨起跑步、踢正步、练习没有子弹的瞄准射击……在其他人都在找娱乐项目消磨"阴暗"时光的时候，他修起了路……他被原五班的人称为"傻子""二百五"，但他最终被全团看见了，他走出了五班，成了钢七连的一员。

在钢七连改编，最后只剩下许三多一个人的时候，他也曾彷徨，也曾转士官，也曾纠结是不是跟随父亲和二哥去做生意，但最终他选择了坚守，一个人守住了整个七连。那段时间里，他自己与自己对话，提醒自己是钢七连的第四千九百五十六名士兵；没有战友，自己一个人也要跑步、锻炼、强化自身素质；没有其他比赛资格，哪怕卫生标兵也要争取……

他让有着天然优越感、居高临下的高诚仰慕，让团长舍不得，让袁朗亲自去"招募"。而在袁朗对他进行招募时，他对许三多给出了这样的评价："一个很安分的兵，不太焦虑，耐得住寂寞，现在很多人几乎天天都在焦虑，怕没有得到，怕失去，我喜欢不焦虑的兵。"

正是许三多经历如蘑菇般的"阴暗期"和"前途茫然期"的历练，正是不焦虑、耐得住寂寞的许三多精神，让他一步步从"孬兵"蜕变成了兵王。

总是在焦虑、茫然的我们，要学习的正是这种许三多精神，在看不到希望的时候，我们依然要坚守做"有意义"的事情，而不是天天在焦躁不安的情绪中惶惶度日。

执着、坚定地做好当下的事

处于"阴暗期""前途茫然期"阶段的人，往往会出现急躁情绪，想着一下子就突破阴暗，看到光明。但是人就是这样，越急躁，越容易出错，越出错，又越容易焦虑。而且世上没有一蹴而就的事，那些让人羡慕的大师、匠人，无不经历了漫长的"阴暗"岁月，而在这段岁月中他们做的就是努力坚持自我，执着、坚定地做好当下的事，让自己越来越好，让所做之事越来越精致、专业。

靴下屋的创始人越智直正，一辈子只做了一件事——生产袜子，他曾说："一生一事。"一生都在追求袜子的质量和细节，而由此也成就了他的匠人精神和成功。

在坚守60多年间，他经历了同行间的"减价销售"战争，但是降价就意味着质量下降，为此，他陷入了迷茫，但最终他还是坚持了自我，坚持生产并销售正品、高质量的袜子。结果他成功了，用质量赢得了客户。

在销售中，靴下屋也遇到过滞销的问题，越智直正也为此苦恼、焦躁过，但很快，他调整情绪，从当下的问题中寻找原因并解决。

正是在做好当下事的执着与坚决下，越智直正从一个曾经的袜子批发学徒成了一代"工匠"。

因此，在"阴暗期""前途茫然期"，我们要像许三多一样不焦不躁，耐得住寂寞，始终坚持"做有意义的事"；像越智直正一样，坚守"初心"，抱持"匠人精神"，在默默努力中静待花开。

第五章
格局思维：决定你上限的不仅是能力

所谓格局，就是指一个人的眼界和心胸。站在高处和长远的角度来看问题，很多事情都会变得简单且富有节奏，但如果仅站在同一时间、空间内看问题，势必会因为眼界的局限性而无法再有突破。俞敏洪说："心若不死，就有未来。""梦想有多大，舞台就有多大。"尽管曾经卑微、迷茫、无助，尽管遭遇抢劫、命悬一线，但他站起来，依旧英姿飒爽地出发前行……这就是人生大格局！想要人生有所突破，首先要改变格局思维。

瓦伦达效应：成功者都是能笑看成败的内心强大者

瓦伦达是美国著名的高空走钢索表演者，并以精彩、稳健的高技术表演被人知晓，在一次重大的表演中，他不幸失足身亡，然而在那之前，他从来没有出现过任何事故。在那一次表演开始前，一位重要的客人将要来观看他的表演，并且全场都是美国知名的人物。他很清楚那一次表演的重要性，因为只要成功，就能提升他的知名度并奠定他的行业地位。

因为太想成功了，从前一天开始，他就不停地仔细想着每一个动作、每一个细节。演出开始了，他没用保险绳。在走前一半的时候，他走得很平稳，但是走到钢索中间，做两个对他来说难度并不大的动作时，他却不慎摔了下去。

事后，他的妻子告诉大家，她知道可能会出事，因为上场前他不停地念叨着，这次一定不能失败，千万不能失败。而在之前的表演时，他心里想的一直都是走钢索这件事，从来没考虑过其他的事情。

———●—●———

这种为达到某个目的而患得患失的心态被称为"瓦伦达效应"。

瓦伦达效应在日常生活中很常见，在去应聘面试、手心满是冷汗的时候，你有没有不停地跟自己说"应聘要成功"呢？在进入决定人生走向的考场前，你有没有和自己无数次地说"千万不能考砸"呢？在进入一个陌生的环境前，你有没有无数次告诉自己"千万不能害怕"呢？……看似是在不断地给自己加油打气，结果让自己背负上了沉重的心理包袱。

为什么无数次的加油打气反倒成了沉重的心理包袱呢？我们来看下美国斯坦福大学的一项研究结果。

美国斯坦福大学的一项研究表明，反复想某一图像，就会让这个图像像实际情况那样刺激人的神经系统。就比如进考场前不停跟自己说"不能考砸"，但大脑中一直在出现"考砸"的情景，而这种情景一直都挥之不去，也就是说，越是不想有那个结果，大脑中越是呈现那个结果的情景。最后，真的事与愿违，考砸了！这一项研究其实也证实了瓦伦达效应心态。

这就是做事过程中太在乎结果，大脑中被各种欲望填塞得满满的，身体被思想重担压得喘不过气来，在这样的重负下，我们很容易偏离预定的航道，离成功的目标越来越远。

纵观那些有出色成就的人，他们很少会患得患失，对得失看得很淡，而且越接近他们，你越会发现他们身上有普通人没有的特质（图5-1）。

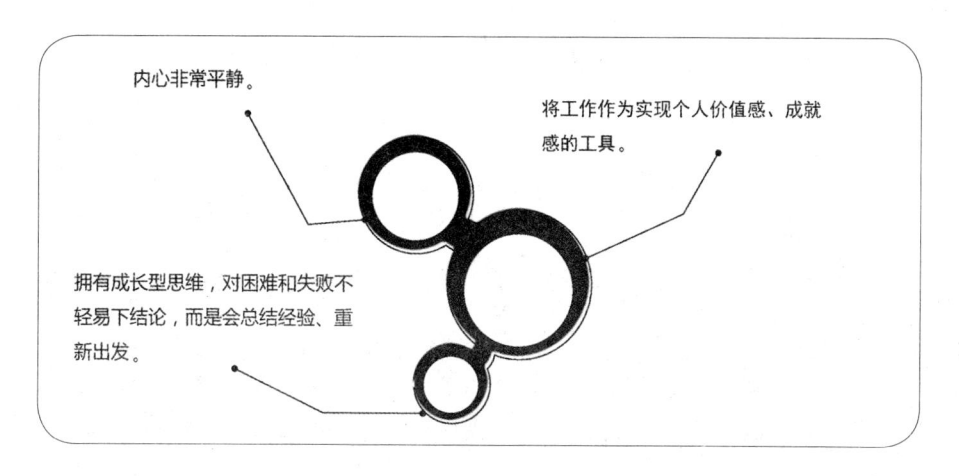

图5-1 优秀人士具备的平和特质

因此，在前进的路上，我们要像那些优秀的、出色的人士学习以下一些特质，避免瓦伦达效应心态的产生。

▶ 正确看待失败

很多人患得患失，其实就是担心失败，只有将失败看作越来越接近目标的途径，从中总结经验，再蓄势出发，最终才能顺利到达我们想去的地方。

就像爱迪生发明电灯的经历，在试用灯泡材料时失败了无数次。当被记者问到为什么失败了这么多次后还不放弃时，爱迪生说："我从来没觉得那是失败，每次失败后，我都觉得我又淘汰了一种不适合做灯泡的材料，这让我相信我离自己想要的目标更近了一点。"

这就是成功人士的思维，他们不在乎失败本身，而是在乎失败背后对事实和真相的探索、对世界抱持的好奇心，这种思维让他们的内心越来越强大。

▶ 保持专注

瓦伦达之所以在那次之前没有出现过一次失误，原因就在于他的专注。专注让他将注意力高度集中在了走钢索本身。而在这个过程中，以下几个因素起了主要作用（图5-2）。

有意注意力是一种服从于一定活动任务的注意，它受人的意识控制和支配。当专注于某件事时，人们的这种有意注意力会非常强。在每次成功走钢索的过程中，瓦伦达始终将注意力集中在走钢索上，这种有意注意的能力超级强，不会受到其他因素的一丁点儿干扰。

对生存的刺激强度越高，人的注意力就越强。没有任何安全防护措施的情况下在高空走钢索，无疑是对生存的一个巨大刺激，由此瓦伦达的注意力在这种情况下活化了。

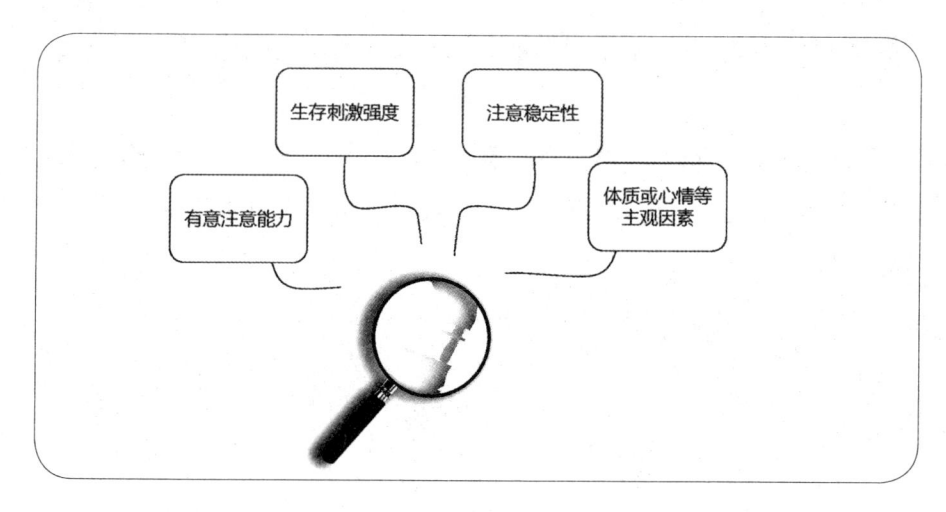

图5-2 对专注力起主要作用的几个因素

在同一事物、同一活动中注意所能持续的时间,被称为注意稳定性。注意稳定性能确保人在完成活动时的高效率、高质量,是建立在对活动的意义深刻的理解、积极的态度、浓厚的兴趣之上的。

个体的体质与心情等因素会诱发瓦伦达效应心态的产生,比如睡眠不足、心情不佳、疲倦不堪、身体患病等情形,都难以让注意力集中。所以,对事情专注,还得保持良好的睡眠、心情、身体状态等。

▶ 做到情绪的适度唤起

很多人患得患失,也有一部分原因是紧张,所以,不管是比赛,还是考试,抑或是其他重要的场合,都会被提醒要放松,但是这种放松是要完全放松吗?英国的心理学家罗伯特·耶基斯和多德林发现:"当一个人轻度兴奋的时候,他往往能将工作做到最好;当一个人没有一点儿兴奋的时候,他往往会缺乏做好工作的动力;当一个人极度兴奋的时候,随之而来的压力往往会使他无法完成本可以完成的工作。"

这个发现告诉我们:在工作和学习中,想要正常或超常发挥自己的水平,就必须做到情绪的适度唤起，过于紧张和过于懒散都是对工作和学习没有任何益处的。

此外，加强专业的学习和训练也是避免产生瓦伦达效应心态的关键。我们在成长发展的过程中，还要不断加强学习，在强硬的专业知识基础上，笑对成败，强大内心。

韦奇定律：非凡成就，离不开正确而坚定不移的信念

即便你已经拿定了主意，但若有10个朋友提出和你相反的想法，你就很难不动摇。

———●●———

这就是美国洛杉矶加州大学经济学家伊渥·韦奇提出的"韦奇定律"。

韦奇定律告诉我们：确立了自己想要的目标之后，就一直朝着目标走下去，不要被别人的闲话动摇，不要过于在乎别人的想法、看法，坚定实现目标的信念，努力达成自己的人生目标。

在生活中，有理想、有抱负的人大有人在，尤其是在如今"大众创业、万众创新"的时代背景下，越来越多的人想要挑战不一样的人生。然而，事实上，真正成功走到自己初定目标的人并不多。深究其中的原因，恐怕有很多都是在他人的"建议"中让自己的理想在中途夭折的。

因此，我们想要实现个人的人生目标，想要获取更大的成就，无论是事业，还是生活，都不能轻易被外面的声音所左右，不能随波逐流、盲目跟风，要有自己坚定不移的信念。试想，如果马云、马化腾等人因为当初无数人的质疑、

嘲笑就放弃自己的梦想，还能有如今影响世界的巨大成功吗？

但是，行走于人世间，想要不受他人的影响，何其困难。我们又该如何做才能坚持自己的信念呢？不妨让我们来看看韦奇定律告诉我们的四个观点（图5-3）。

拥有自己的主见是极其重要的事情。

确认你的主见是正确且不是固执的。

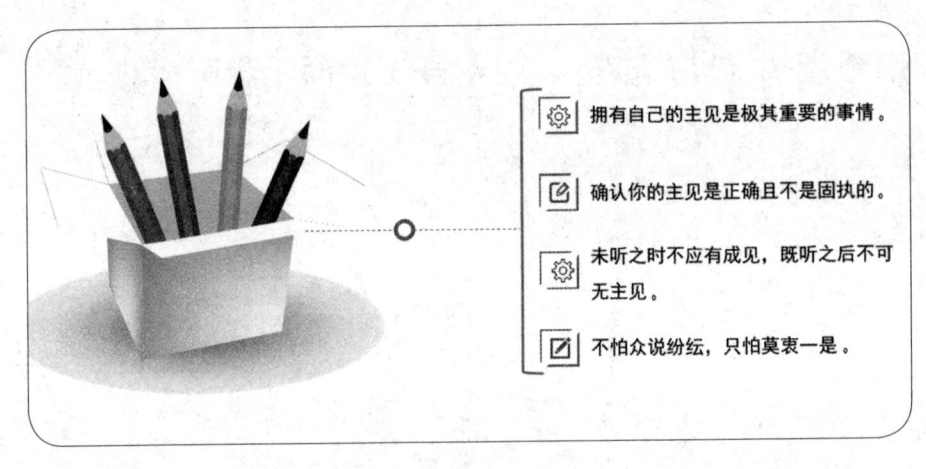

未听之时不应有成见，既听之后不可无主见。

不怕众说纷纭，只怕莫衷一是。

图5-3　韦奇定律的四个观点

有非凡成就的人都有自己的主见

我们先来看一下韦奇定律告诉我们的第一个观点：拥有自己的主见是极其重要的事情。但凡能做出成就，尤其是非凡成就的人，一定是有主见的人，因为有主见，他们才能坚定不移地坚持自己的信念不动摇。而没有主见的人，在人生路上不断摇摆，终归不是失败，就是遭受巨大损失。我们就以世界石油巨子保罗·盖蒂为例来说吧。

盖蒂一生中犯过三次严重的错误，这三次错误让他损失巨大，而同时这三次错误都是因为他听信了他人的话。

第一次：盖蒂凭借自己的经验，判断俄克拉何马州的一块地藏有丰富的石油资源，于是将那块地买了下来。他请来地质专家进行勘测，结果专家告诉他，那块地下没有一滴石油，建议他还是将地卖了。他听信了专家的话。可后来的事实证明，那块地是石油高产区。

第二次：1931年，美国正经受经济危机的影响，股票价格非常低，盖蒂通过判断，认为在经济基础较好的美国，经济形势会很快得到好转，股票价格也能飙升，于是就买下了墨西哥石油价值几百万的股票。可是接下来的几天，股市继续大幅下跌，盖蒂并没有恐慌，认为股市已经跌到了最低点，接下来就是上升，可他的同事们此时却认为他该将手中的股票全部抛售。在大家的一致建议下，他的意志开始动摇，最终还是将股票全部抛售了出去。结果，接下来的事实证明，股市开始上升，墨西哥石油因为盖蒂的抛售赚得盆满钵满。

第三次：1932年，盖蒂认为中东石油有巨大潜力，于是就派谈判代表去和伊拉克政府进行交涉，打算在伊拉克买下一块地的开采特许权，而那时，买下一块地只需几十万美元。但是，当时世界原油价格出现波动，他的朋友们认为当时去投资中东石油只会亏本。盖蒂第三次听信了他人的话，终止了谈判。但结果是世界原油价格得到了稳定，而10多年后，他提着1000多万美元买下了那块地皮的开采特许权。

经过这三次错误的深刻教训，盖蒂总结出一条人生哲理，他说："真理往往掌握在少数人手里，失去了自信，你也就失去了一切。"因此，接下来，他始终坚持自己的判断，最终跻身于美国最成功的商人行列。

盖蒂的人生不可谓不精彩，但试想，如果在三次错误之后，他还是不能坚持自己的主见，还能创造影响美国经济的商业帝国吗？

因此，我们在成长的路上，要懂得坚持己见，不能人云亦云。

坚定信念，不是固执己见

韦奇定律告诉我们的第二个观点：确认自己的主见是正确且不是固执的。这点非常重要，有自己的主见、坚定自己的信念没错，但如果固执己见、一意孤行，势必会吃亏。生活中不乏因为固执撞南墙的例子。例如，一个完全没有商业头脑的人，非得拿着政府给的拆迁款经商，即便亲戚朋友一再劝导，还是不听，结果，不到一年的时间，将上千万的拆迁款全部搭进去不说，还欠了一大笔的债，仓库中当初被他引以为傲的产品也因滞销而霉变。这就是固执、一意孤行导致的后果。

因此，要确保自己一直坚持、坚定不移的信念一定是正确的、可行的。

法国著名文学家巴尔扎克的父母一直希望他能成为一名律师，但是他一直想写作，虽然已经拿到了法学学位，还进了一家知名律所，可是他还是放弃了有稳定收入的律师工作，开始了写作之路。

在写作过程中，他并没有像样的文章发表，于是他的父母让他承诺若在两年内还是写不出像样的作品，就必须回去做律师。在这种情况下，他终于完成了第一部诗剧《克伦威尔》，然而，当一位很有名望的作家看了后，告诉他的父亲说他完全不适合搞文学创作。

这个评价无疑像一记重拳给了巴尔扎克巨大的打击，可是他认为自己的兴趣在写作上，他的坚持是没错的，他只要继续写，一定可以写成好作品。于是，在他的坚持下，他终于创作出了轰动文坛的巨著《人间喜剧》。

巴尔扎克的坚持无疑是正确的。我们想要判断我们的坚持是不是正确，我们的信念是不是符合我们的目标，其实从我们平时的兴趣爱好、擅长领域、自己专注的事情等方面就能判断出来。如果并不是你擅长的，且做起来异常吃力，还要一味坚持，势必会撞得头破血流。

其实，验证你的坚持是不是正确，还可以通过韦奇定律告诉我们的第三个观点来判断：未听之时不应有成见，既听之后不可有主见。每个人看问题的角度不同，提出的观点也不同。有道是"三人行，必有我师"，博采"百家之长"才能不断充实自己，才能看到自己想法的不合理性、不确定性和不可行之处。

当然，可以虚心接受他人的意见、建议，可以通过这一渠道验证自己的想法是否正确，但不要忘了最重要的还是要有自己的判断，千万不能像前面说到的盖蒂一样，一而再再而三地为轻易听信他人埋单。

韦奇定律的第四个观点：不怕开始众说纷纭，就怕最后莫衷一是，就告诉我们"兼听则明，偏信则暗"，在辨别他人的意见、建议时，首先要多听、多看、多思考，但同时还不能脱离了自己的本心，不能被他人的思想所左右。

想要做出非凡的成就，就要有相应的格局：走自己的路，让别人说去吧！

瀑布心理效应：做个有涵养的慎言者，你就能成功

在与人沟通中，信息发出者，也就是说话的人在说话时内心非常平静，但传出的信息，也就是说出的话，在被对方接受后，会引起对方心理失衡，从而导致态度和行为发生变化。

●———••———●

这种旁人一句随意的话，却弄得你心理上很不舒服的现象，在心理学上被称为"瀑布心理效应"，它就像大自然的瀑布一样，上面平平静静的，下面却浪涛翻滚。

中国有句古话叫"说者无心，听者有意"，明明是无心的一句话，却很有可能会伤害到别人。轻的会引起对方的反感，重的可能会给自己招致灾祸。同时，很多人也有过被别人随意出口的话刺伤的体验，心胸开阔的，可能很快就将愤恨情绪忘记了，可是从此内心有了芥蒂，无法再喜欢上他；如果心胸狭隘，那很可能会因一句话耿耿于怀一辈子。

自古成大事者，除了机遇和能力以外，更重要的就是谨言慎行，尤其是谨言。他们深知不合适的言语对自己的不利影响，它足以影响身边的每一个人，

影响身边的人对自己的看法。因此，他们往往会有意识地提醒自己慎言。

就拿曾国藩为例，曾国藩身居高位数十年，却能始终立于不败之地，这其中最重要的一点就是他谨言慎行。越是位高权重的人，盯着那个位置、等着他犯错的人就越多，稍不留神可能就会让人抓住把柄，曾国藩也深知这点。于是他不仅自己做到谨言慎行，也常常告诫子女们，要少说多做，不说大话、空话，时刻注意自己的言行。

所以，我们想要成就一番事业，也要谨言、慎言。这就需要我们注意以下两点（图5-4）。

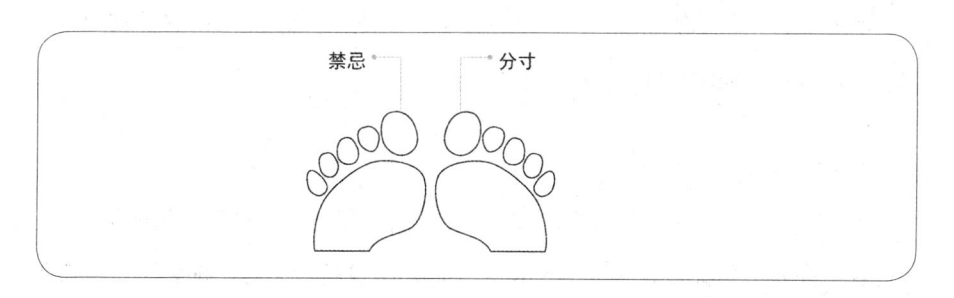

图5-4　在言行上需要注意的两点

▶ 做到慎言首先要懂得说话的禁忌

不是所有话题都可以在任何时间、任何场合公开谈论的，有格局、有涵养的人，都懂得说话有禁忌。

不说他人隐私，也不说自己的隐私

既然是隐私，就是涉及个人最私密、最敏感的话题，是不便与人分享的，因此，在人前不要谈论人的隐私，也尽量不要谈论自己的隐私。就拿男人的收入和女人的年龄来说，这就是不该在公众场合被提及，甚至私下也不该问的。在谈论对方的隐私时，首先要清楚的是，你不仅会引起对方的反感，还会让在场的所有人觉得你是一个没有分寸的人，这对自己的影响是非常不利的。

此外，有些人可能为了快速与他人拉近距离，故意暴露自己的隐私，但是如果话题一直围绕自己的隐私来说，一样会被人认为没有分寸。

因此，在人前不要谈论别人的隐私，也不要过分谈论自己的隐私，最好不谈。

不揭人短处

俗话说"打人不打脸，揭人不揭短"，每个人都有缺点、劣势，都有各自不想让他人知道的事情，或深藏于内心，或体现于身体上，但不管哪种，但凡有"短处"的人，都不愿意让人"揭疤"，就算是一眼就能看出来的，也不要将其直白地作为谈论的话题。例如，有人嘴唇属于"地包天"类型，如果你拿他的嘴唇开玩笑，即便他不生气，但也并不表示他不在意。此外，对患病的人，也不要过多提及他的病症。

闲谈不论人非

有道是，"闲谈不论人非"，在与人交流沟通时，不能随便评价他人，正面的评价还好，但如果是负面的评价，无论你所说是否客观，都会引起对方不适。那些爱搬弄是非的人，都是被群体孤立的人，比如班级中、办公室中，总会有那么一两个不招人待见，究其原因就是他们爱在背后谈论人是非。

☛ 掌握说话的分寸

想要避免"无心之言"，就要讲究说话不失分寸，提升自身的文化修养和思想修养。除此之外，还要注意以下几个方面。

考虑对方的个性和身份

很多人喜欢按照自己的思维去思考，但是有些人的个性敏感、多疑、心胸狭隘，此时就要注意不能说一些带有歧义的话，可以直截了当地说一些正面的话，且同时要注意维护这些人的自尊。而对方身份特殊时，比如刚遭遇了一次财务上的损失重创，或者刚经历了一次大的人生转折，此时说话就要特别注意避开他们的经历。

说话要客观

在与人沟通交流时，要尊重事实，实事求是地反映客观实际。有些人喜欢主观臆测、信口开河，但久而久之，当大家都知道他这种习惯的时候，就会慢慢不再相信他的话了。

认清自己的角色

不管是谁，不管在什么场合，都有自己特定的角色地位，也就是身份。例如，在家里你是父亲、是丈夫、是儿子，但是在职场中你又是职场中的角色。如果在家里总是以在职场中的角色来跟家人说话的话，那试想这个家的氛围会是什么样？或者用对家人说话的方式、语气，与职员、同事等交流，又会产生什么后果呢？总之都是不合适的。

将地域差异考虑其中

中国地大物博，在语言方面，不同的地域也存在着不同的文化差异，如果对对方不是特别熟悉，不知道他是哪里人，在见面前，要先做好功课，充分了解对方。这种情况在开发客户、商务谈判等场合中很常见，比如一方要与另一方去洽谈寻求合作，此时首先就要做好充分了解对方的功课，而这其中最重要的一点就是考虑对方的文化、成长环境、生活环境、工作环境等。

保持善意

说话的目的是交流，让对方能够明白你的意图、思想等，而俗话说，"良言一句三冬暖，恶语伤人六月寒"，在与人交流的过程中，保持善意，以礼貌的方式说话，不仅能迅速拉近双方的距离，还能给人留下不错的印象。

我们的言行举止会给周围的人带来反应，反应效果怎么样还要看自己对言行的把握，总之，成事之人都是谨言慎行的人。

态度效应：像善待自己一样善待生活

有人做了这样一个有趣的实验：将两只猩猩分别放进墙壁上装了许多块镜子的两个房间里。

其中一只平时性情温顺的猩猩，进入房间后，看到镜子中有许多和自己一样温顺、友善的"同伴"，于是，马上就和"同伴"们打成了一片，奔跑嬉戏，彼此和睦相处。三天后，这只猩猩恋恋不舍地被实验人员牵出了房间。

另一只猩猩则平时性格暴烈，进到房间后，马上便看到镜子中有许多对自己不太友好的"同类"，它们都露着凶巴巴的眼神，就像是马上要跟它大干一场的样子。它马上就被激怒了，于是开始与这群"同类"无休止地缠斗和追逐。三天后，当实验人员要将这只猩猩带出房间时，它已经气急败坏、心力交瘁而死。

● —— ● ● —— ●

这种以不同的态度对人对事，而得到的结果也不同的现象，被心理学家称为"态度效应"。

作家萨克雷说过："生活是一面镜子，你对它笑，它也会对你笑；你对它哭，它也对你哭。"这就是态度效应的精髓，也是给我们人生的最大启示。人生就是这样，你有怎样的态度，就会有怎样的人生。你对待人生热情洋溢，那么，你的人生到处都会充满温暖的阳光；你若对待人生冷酷无情，那么，你的人生就会反馈给你一个没有色彩的、冷冰冰的世界。

然而，有大格局、大理想的人，绝不会只让自己沉浸在世界的阴暗面中颓废度日、让自己一天比一天丧，他们会像善待自己一样善待生活，会用积极的行动去创造自己想要的生活，会用积极阳光的心态去迎接每一个可能会遇到的挑战。因此，我们也要拿出与这些拥有大格局、大理想的人一样的态度去善待生活。当然，想要做到像善待自己一样善待生活，还要做好以下几点。

将每一天都当作世界末日去生活

我们先来看一个例子。曾经有一个人，儿时活泼开朗，走到哪里，都能给人带去一抹阳光般的温暖和喜悦，周围的人，没有谁不喜欢她。可是长大后的她，完全失去了儿时的开朗、机灵和活泼，眼神中也没了往日的风采，而是满满的柴米油盐和对人生了无生趣的神态——长大后的她完全被生活的琐碎困住了，她再也无法带给人阳光般的温暖了。

我们接着来看才华横溢的演员张钧甯的微博，你会发现她的每一天都充满了阳光，灿烂无比。她热衷运动，跑步成了她工作之外最重要的一个部分。她也爱旅游，会去不同的城市感受不一样的人文地理，从不同的角度看待世界。

她有一个行动清单，上面列满了大大小小的行动计划，包括各种极限挑战，也包括生活中的小事，对于这些小事，她一样看得很重，一样会让它们变得精彩纷呈。所以，透过张钧甯的微博就能发现，她的日常生活充实而精彩，从来没有生活中他人认为的无聊、无趣等感觉。

这就是不同的人生态度带给人的不同人生感受。有句话叫"将每一天都当作世界末日来过"，仅有一天的人生了，为什么还不用心而充分地享受它的美好呢？多抬头看看天空中洒下的温暖的阳光，多看看那一张张充满微笑的脸庞，多听听那一首首愉悦心情的歌曲……对待生活的态度本该如此！

善待工作的态度终归会让你成名

态度效应告诉我们，我们怎么对待工作，工作就会让我们有怎样的收获。知道那个常被人说起的三个工人砌墙的故事吗？当有人问他们在干什么的时候，他们的回答分别如下：

第一位（满脸不屑的表情）：还用问吗？你难道没看到吗？我正在用这些重得要命的石头砌墙啊！没看到我已经累得快不行了吗……

第二位（面无表情）：我在盖一栋高楼啊，不过这栋楼里没有我的房子。

第三位（满面笑容）：我在建造美丽的城市，现在正在建的这栋大楼是这座美丽城市的标志，我为自己能够建造这样的大楼而感到自豪和荣耀。

十年过去了……

第一位：依然在砌墙。

第二位：当上了工程师，在办公室中画着设计图。

第三位：成了前两个人的老板。

有句话说得好："如果你有智慧，那么请表现出来；如果你缺少智慧，请拿出汗水。"无论你从事的是怎样的工作，只要你像善待自己一样善待工作，愿意付出智慧和汗水，都能得到领导和同事的尊重和肯定，让大家看到你自身的价值。

善待世间的所有人、事、物

人世间最具威力的武器是善良的心灵，一笑泯恩仇，一个善意的微笑可以化解仇人心中的愤怒。心中有着爱与善，一草一木都会变成小精灵，你舍不得去踩踏它们，舍不得看着它们枯萎凋谢。

有句话说得好，"当你握紧拳头时，好像抓住了许多东西，其实连空气都没抓到。当你张开双手时，你好像两手空空，但其实全世界都在你的手心"。很多人在生活和工作中会带着自我防卫的心理、会戴着"有色眼镜"看待他人，随时都提防着他人，搞得自己疲惫不堪。可当你将心门打开，用你的善良和友爱善待世间的一切人、事、物时，你会发现，整个世界如此美好，心情如此清净。所以，放下戒备心，试着去接纳别人、善待他人吧。

比伦定律：最好的成长，是不断地试错

美国考皮尔公司的前总裁 F.比伦提出：如果你在一年当中，不曾有过一次失败的记载，你就不曾勇于尝试过各种应该把握的机会。

这就是比伦定律。

比伦定律告诉我们：要辩证地看待失败，将失败看成是一种机会，是成功的前奏，如何看待失败是一个人成长过程中必须面对的问题。

在我们的人生旅途中，随时都有大好的机会，可是我们不可能等做好所有的准备才去抓住它，机会稍纵即逝，我们必须敢于面对失败，因为只有失败了，才能知道你先前把握机会的方式是不可取的，是需要改变的。所以，俗语说的"失败是成功之母"，其要表达的意思就在于此。

宝洁公司有这样一个规定：员工若三个月没有犯错误，就会被视为不合格员工，之所以有这样的规定，宝洁公司董事长白波解释说，三个月什么错误都没有犯，那只能说明他什么都没干。

谁都想工作顺利、事事如意，都想用成绩来证明自己，向全世界宣布自己

就是王，可是，生活不会按照我们的意愿来，即便我们的计划已经制订得非常完美且严格按计划执行了，可结果往往还是会事与愿违。但是，即便如此，我们依然不能害怕失败，反而需要不断试错，从失败中不断总结寻求成功的办法。不过，试错，并不是无原则地直接"撞南墙"，也要注意一些事项。下面我们就来具体看一下试错都需要注意什么。

▶ 听从内心的声音，勇于放弃给自己试错的机会

试错的过程，其实就是选择的过程，在这个过程中，我们要清晰地知道自己想要什么，而不是明确我们不想要什么。例如，从事了自己不喜欢的工作，要勇敢地及时从这种工作中抽身出来，将这次的工作选择作为试错的一个经历。

举个例子。有个人毕业后听从父母的建议，从事了一份相对比较稳定的文字编辑工作，但是从内心来讲，他更倾向于销售，认为销售更具有挑战性。但因为没能拗过父母，所以他还是顺从地去做了编辑工作，结果一做就是三年，在这三年中，他每天的工作都像是煎熬，可是又不敢迈出销售工作的第一步，因为在他看来，三年的时间，他错过了太多，从一开始就做销售的同学，已经积累了大量的客户，做出了很大的成就。

对于这种情况，曾国藩说过这样一句话："未来不迎，当下不杂，既往不恋。"所谓"既往不恋"，就是让我们不要一味沉溺于过往，要学会"及时止损"，从觉得不值得的事情中果断地将自己抽离出来，也就是给自己试错的勇气。

当然，工作了多年的职业，一旦放弃，选择新的行业，需要重新适应、重新学习，的确需要很大的勇气。但是，一旦踏出了试错的脚步，找到了自己想要的选择，那么，你会发现你之前的试错、之前的放弃都是值得的。而这其中的关键，就是你内心真正的想法。

给自己设置一个试错的截止日期

我们在选择试错的时候,都伴随着时间成本。年轻可能不在乎,认为有大把的时间,就算是失败了也没关系,所以很多人不会计较时间成本,不会给自己设定目标和试错期限。这种试错可以说是毫无原则的试错,很有可能会将一生都用于不断试错中,因为与其说这是在试错,还不如说他们是在虚耗时间,根本不知道花费这段时间到底是为什么。这也是很多人觉得虚度了光阴,却一事无成的主要原因。

因此,我们不但要制定目标,还要给实现这个目标的试错过程制定一个明确的期限,到底要多长时间,要根据你设定的目标来确定。

例如,一个销售,业绩还不错,在不断总结销售经验的过程中,他找到了一个自认为可以提高他销售业绩的方法,并且给自己定了一个时间和截止日期:200万元,1年。如果1年后,他利用这种销售方法并没有达到200万元,那么他就果断采取原来的销售方式。

试错需要考虑速度

马云在发表《成功取决于你试错的速度》演讲时谈道:"试错作为一种战术层的手段,本质不是为了犯错,而是为了在不断变化的环境中把握时机,为成功路径提高成本效率。"

有道是"天下武功,唯快不破",走在时代前列的人,都善于从迭代中优化路径,在试错中继续寻找时机。从起点到实现目标的成功之处,从来都不会是直线,而是曲线,所以,试错是每个想要追求成功的人不可避免的必经之路。然而,在这条路上如何降低成本,如何让试错更快见效果,还是要强调速度。所以,试错中我们需要做到快速学习和快速实践。

试错要避免被以往的经验所"裹挟",以往的经验需要借鉴,但不能完全在以往的经验上做改进,或许还需要换角度、换思路。所以,试错其实是一个快速学习、快速实践的过程，它不允许你在过往的经验基础上继续"完美"以往的产品，更重要的是本着"空杯心态"，依托快速的学习、实践验证客观事实。

在试错过程中，虽然确定"截止日期"非常重要，但是在截止日期还没到来之前，如果经过很长一段时间，依然想不到任何方法，或者看不到任何能够继续尝试的途径，那么，此时就要及时"止损"，换条路试试。

改宗效应：做"反对者"，不做老好人

美国社会心理学家哈罗德·西格尔做过一个非常出色的研究，最终结果表明，当一个问题对某个人来说非常重要时，如果他在这个问题上能使一个反对者改变意见并同意他的观点，他宁愿选择那个反对者，而不选择从开始就给予他同意的支持者。

这就是"改宗效应"。

改宗效应告诉我们：虽然老好人显得性格温和，做人厚道，对别人的观点一般不会持反对意见，也很少会拒绝、得罪他人，但同时也是没有自我原则的人，常为墙头草，被人视为软弱无能的表现。因此，有着自己的独立想法、敢于坚持并发表自己观点的人，往往更能受到大家的喜爱和尊重。

纵观社会上那些有着卓越成就的人，他们都不是人云亦云的老好人，都是敢于发出自己的声音、有着自己独立思想的人。因此，不管是在生活中还是在工作中，我们都要做那个"反对者"，不做老好人。

为什么老好人会不受待见

下面我们就具体来看一下老好人不受待见的具体心理原因,主要从以下几个方面来解释(图5-5)。

```
01  成就感方面
02  个人个性方面
03  个人情感角度方面
```

图5-5 老好人不受待见的几个方面

首先,从成就感方面来解释。大家先来感受一下:在经过自己一番辩论或潜移默化的影响后,从一开始就与自己立场相对、持反对意见者,改变了他的立场,与你站在了同一立场上,这个时候,你会不会觉得成就感瞬间爆棚?会不会觉得自己还是很有能力的,会不会让自信心马上提升好多?

而那些老好人呢?他们从一开始就附和你的观点,从不提出半句反对意见,当你最终取得了反对者的支持后,又怎么可能会从老好人那里获得成就感呢?

其次,从个人个性方面来解释。有自己独特的个性,做事坚持自己的原则,能够明辨是非,不会随便附和他人的观点,这样的人本身就自带独特的魅力,是让人崇敬的。能够得到这类人的支持、赞同,自己无疑是得到了他们的认可和肯定,这是让人心情非常愉悦、非常骄傲自豪的事情。

而老好人没有自己的个性,唯唯诺诺,就算得到了他们的认可,又谈何骄傲和自豪呢?别说心情愉悦了,恐怕还会让人反感。

最后，从个人情感的角度方面来解释。每个人都希望自己魅力独特，能得到与他人不同的待遇。可是，老好人不是只对你好，而是对谁态度都一样，因此你不会觉得从老好人那里得来的待遇多么珍贵。不过，有自身原则、个性的人，他们不会轻易去接触某个人，如果他们接触你了，而且还非常欣赏你，并且希望能够真心相待，那这份情谊就显得格外珍贵了。

因此，想要和那些有所成就的人看齐，就不要成为老好人中的一员，一定要将自身的魅力绽放出来。

▶ 拥有批判新思维的能力

虽然我们对批判的常规理解是批评、判断对错的意思，但是批判新思维的能力却没有批评的意思，而是一种当今时代下非常重要的能力，是在信息爆炸时代能够明辨是非、不人云亦云的能力，是保持思想独立、能够理智发表自己声音的能力。这种能力可以让人保持思考的自主性和逻辑的严密性，不会被动全盘接受他人的观点，同时又不会刻意带着偏见去反对别人的意见。

想要拥有批判新思维的能力，我们还要做好以下几点（图5-6）。

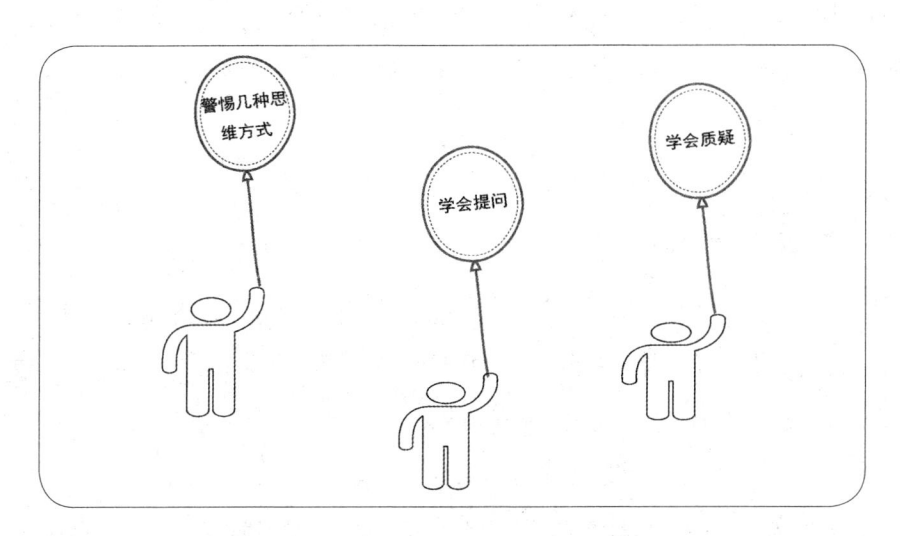

图5-6　拥有批判新思维能力需要做到的几点

首先，我们来看看要警惕哪些思维方式：

依靠常识、直觉、第六感判断是非的思维方式。直觉有时候可以有，但一定是建立在知识、经验等的积累之上的，即便如此，依然不能完全或过于相信自己的直觉。

依靠个人经历进行判断的思维方式。例如，"我爸爸……"这种思维方式容易以偏概全，不具有代表性。

完全接受专家观点的思维方式。即便是领域内最权威的专家，发表的也仅是个人的观点，并不一定就是真理，还要具体看看他的主攻课题是什么，有什么拿得出手的成果。

其次，要学会提问。作为一个读者或者听众，当阅读或倾听他人的观点时，要在保持专注和理智的基础上，保持自己独立思考的能力和判断的能力，对其中的问题要有自己的判断。尤其是面对他人的论点时，要敢问对方的论据支撑是什么，论据来源是什么。

最后，要学会质疑。

很多论点可能是一个设想，此时要学会质疑他们的论点，有没有理论依据，有没有相关的实验证实。如果没有，就不能被权威或者主流的声音吓倒，要敢于发出自己的"反对"声音。

树立自己的边界

边界指的是一种尺度，规范我们在什么范围内能够做什么事情。不管是对人，还是对事，我们都要有自己的边界思维，只要超出这个边界范围我们就要果断拒绝。当我们的边界清晰分明的时候，我们就不会犹豫、纠结、畏首畏尾，会是一个有原则、有主见、立场分明的人。

举个例子来说。三家公司的主营业务都是会议组织培训，但是其中两家看到和某大学院校合作办证书有利可图，于是便拉着第三家想要一起做。但是第三家认为这种办证书的方式不太合规，这触碰到了他合规合法的经营原则，于是果断拒绝了其他两家公司。

合规合法的经营原则就是第三家公司负责人给自己树立的边界。这样的人才更容易得到他人的尊重。

有原则、有主见、立场分明的成就卓越者，是让人钦佩的，我们要向他们靠近，做那个"反对者"，不做老好人。

南风效应：优秀人士都具备"柔性"思维

（法国作家拉封丹写过一则寓言，讲的是北风和南风比试，看谁能脱掉行人的大衣。北风马上就来了一个强硬的凛凛寒风，让寒冷直入骨内。结果行人不但没有将大衣脱掉，反而将大衣紧紧裹在了身上。南风则没有北风那么凛冽，而是徐徐吹动，顿时让天气风和日丽，行人开始感到温暖，因此解开纽扣，接着脱掉了大衣。）结果很明显，南风获得了胜利。

———•••———

这则寓意深刻的寓言被社会心理学家称为"南风效应"，也叫"南风法则""温暖法则"等。

南风效应告诉我们：绝大多数的成功者都具备"柔性"思维，正是在这种思维的引导下，他们带给了人温暖，带给了人舒适，而不像北风那样强硬，或者两败俱伤。

这种"柔性"思维相对于"刚性"来说，更显大格局、大气度，也正是因为有这种思维，那些成功者才令人敬仰、钦佩。当然，拥有"柔性"思维，首先还是要具备"柔性"特质。那么，我们又该从这些成功人士的身上学习哪些

"柔性"特质呢？下面我们就来具体看一看。

宽容

宽容是一种高尚的道德情操，是对人的宽恕、包容、关怀、呵护、理解、体谅等。在面对人的缺点、错误等时，大多数的成功人士不会厉声呵斥、责备，而是会给予更多的关爱、理解和体谅。当然，这种理解、关爱等，也是建立在个人原则基础上的，与老好人有着本质的区别。如果触碰了他们的底线、原则，那么，他们也会采用自己的方法给予对方惩罚的。

我们为大家举一个周总理的例子。一天，理发师正在为周总理刮胡子，不想正在刮的时候，周总理突然咳嗽了一声，结果脸一下子就被刮破了。理发师很紧张，还担心周总理会骂他一顿呢，结果没想到，周总理在看到他不知所措的样子时，反倒让他放松，并且说："不能怪你，是我的问题，我咳嗽没有提前和你说，你又怎么知道我要咳嗽呢？"

虽然这是一件很小的事，但也体现了周总理的宽容美德。

我们平时在待人处世时，也应该具备像周总理这样的宽容美德，才能让成长之路变得顺畅。

奉献

奉献是默默为他人付出，心甘情愿，不求回报。优秀的成功人士基本都具有这种奉献精神，或者说愿意去为人、为社会做出贡献。我们在此举一个华为总裁任正非的例子。

1994年6月，华为的C&C08数字机问世。7月的时候，因为用户版后膜电路来料不好，测试进度非常慢，为了赶上进度，测试人员集体熬夜加班，该吃夜宵了，却没一个人离开工作岗位。眼看就夜间12点了，测试还是不顺畅，可此时车间大门被打开了，任正非围着围裙、戴着厨师帽，带着几个食堂工作人员给大家推来了餐车。放好餐车后,他就开始给大家盛饭,同时热情招呼大家喝些鸡汤,还叮嘱大家要注意休息,不要经常熬夜。而整个车间的测试人员都被任正非这种甘愿为员工服务、为员工奉献的精神感动了,吃完夜宵后,没想到,测试竟然变得顺利起来,不到一个小时的时间就全部测试完了。

不光是任正非本人甘愿为他人奉献,他还将这种精神传播给了整个集团的员工,哪怕是海外的员工。例如,2014年在西非埃博拉疫情暴发时,其他跨国公司都将员工撤走了,只有华为的中国员工留了下来。他们与客户肝胆相照、共同进退,对客户需求的满足速度也丝毫没有因疫情而受到影响。正是这种奉献精神,赢得了客户的信任和尊重,从而使华为拿下了大订单。

我们应该学习任正非以及整个华为集团的奉献精神,在成长路上多一些能够携手共进的支持者。

德行

德行是具有精神、意志和感情的一种品质,高尚的德行会让人散发出超强的人格魅力,优秀的成功人士也非常注重自己的德行,并通过人格魅力产生的威望潜移默化地影响周围的人。正如《道德经》中所说:"君子以厚德载物。"具有高尚德行的人,自身具备自然而强大的吸引力和感召力,这种力量或许你能看得到,也或许你仅是凭感受,但不管怎样,你只要接近这样的人,哪怕他不说一句话,你依然能够感觉到那股真正从内心深处透出来的力量,你就会情不自禁地愿意与他为伍,去支持他、肯定他。

当然,具备"柔性"思维的人,拥有的远不止以上这些特质,他们是具有良好道德修养的人,是具有超强人格魅力的人,他们尊重他人、谦让他人、帮助他人,他们讲诚信、讲奉献、讲友善……在成长的路上,我们也要努力成长为有高尚德行的人、有强大人格魅力的人、有"柔性"思维的人。

隧道视野效应：目光放远，才能看到更好的自己

有过驾驶经历的司机都知道，当在隧道内驾车时，他获得的就只是前后和两侧非常狭窄的视野，然而，当车驶出隧道后，视野立刻就开阔起来。

这种现象被人们称为隧道视野效应。

隧道视野效应告诉我们：就像在隧道中开车一样，一个人在看一件事情的时候，不能仅看当下，更应该放远眼光，看到事情将来的发展，同时还要奔着"隧道出口的亮光"不停地前进。当一个人将目光放远，并坚定不移地朝着心中的"亮光"展开行动时，他就能看到更好的自己。

堪称世界电影史上无与伦比的传奇电影《泰坦尼克号》，上映后不仅打破了全球影史票房纪录，还在第70届奥斯卡金像奖上获得了包括最佳影片在内的11个奖项，导演詹姆斯·卡梅隆也因此部影片获得了奥斯卡最佳导演奖。对卡梅隆来说，这一巨大成功与他的远见卓识不无关系，虽然在准备拍摄和拍摄的过程中，都遭遇了巨大的困难，但他依然没有退缩，坚持拍完上映了。

事情是这样的：在此之前，卡梅隆已经拍过不少票房很好的大片，但他认

为自己还有很大的突破空间，于是他没有拘泥于以往的成绩，而是想在一艘船上拍摄一部长达3小时的"罗密欧与朱丽叶"的爱情电影。

可卡梅隆之前拍的都是动作片，且长度在2小时左右，3小时的电影，是从来没有尝试过的，所以，老板在听完他的想法后连连摇头，可是卡梅隆没有退缩，用以往的成绩与老板对话，最终老板相信了他，但是却提出了一个比较严苛的条件：严格按照预算拍摄。

结果拍摄期间，实际支出严重超出预算，待到预算全部用光后，公司态度强硬地要求立刻停止拍摄，但卡梅隆知道他这部电影的价值，于是决定放弃自己几千万美元的报酬，用这笔钱继续拍摄剩下的部分。

事实是，上映之后，《泰坦尼克号》成了当时的爆品，票房超过了18亿美元，此后，1997年至2010年间，始终没有一部电影能超过这部电影。电影大火，电影公司为了补偿卡梅隆，拿出了整整1亿美元作为分红给了他。

《泰坦尼克号》能在当时大火，还在于卡梅隆看到了当时的时代变化潮流方向，已经开始从动作片向爱情片转移，再加上他自身的影响力和影片本身的故事魅力，才让更多的观影者愿意走进影院去先睹为快。

从卡梅隆的成功我们就能看出一个人有远见卓识的重要性。生活中很多人错过了太多的好机会而没能抓住，就在于缺乏远见。

就拿房地产投资来说吧，在2008年北京奥运会举办之前，北京的房价可谓很低，四环内的房子也仅在每平方米3000元左右，且没有任何购房条件限制，贷款也非常容易，可以零首付买房。然而很多人认为奥运会过了之后，房价肯定还会下降，于是便"再等等"，结果一等，房价就升到一发不可收拾了，以至于很多人到现在都没能在北京买上一套属于自己的房子。

有句话叫"识时务者为俊杰"，有长远眼光，认清时代潮流，才能成为更出色的人。卡梅隆是这样的人，而我们想要有所成就，或者说想要有更大的成就，就要像他一样具备长远的眼光。然而，怎样才能让自己眼光长远呢？有了长远眼光又需要哪些思维才能让自己获取更大的成就呢？我们具体来看一下。

▶ 眼光长远需要具备的能力

想要眼光长远，离不开敏锐的洞察力、快速的决断能力以及灵活的应变能力等。下面我们就来看一下。

敏锐的洞察力

洞察力是一种能够快速、准确抓住问题要害的能力，具不具备洞察力，与能否在关键时刻抓住机会、做出决策有着非常大的影响，因为，洞察力强，就能提前意识到别人还没有意识到的问题，进而认识和分析不同事物之间的联系。由此，平时就要多注意对事物进行观察和分析，关注相关的事件动态。久而久之，就能锻炼出透过现象看本质的洞察力。

快速的决断能力

面对事情，能迅速做出判断、选择并形成方案的能力为决断能力。是不是能在关键时刻做出判断、选择，是能否赢得仅有机会的关键。因为在机会面前，总是不缺竞争对手，只要你的判断和选择稍微慢了一点儿，可能就被竞争对手占了先机。所以，平时要多有意识地培养自己做事果断、坚毅的习惯，逐渐形成当机立断的魄力和胆略。

灵活的应变能力

善于随机处理突发事件的能力，就反映了一个人的灵活应变能力。计划没有变化快，虽然事先经过了缜密规划，但还是难以避免突发状况的出现，这就要求我们在前进的路上懂得审时度势、灵活处理这些突发状况，迅速做出调整方案。

就像卡梅隆一样，当实际支出严重超出公司预算、电影马上面临终止拍摄的境况时，他没有颓丧，而是果断地选择放弃自己的薪酬，然后利用这部分钱继续拍摄，最终才有了电影史上的经典之作。如果没有他的灵活应变，估计人类电影史上就会出现最大的遗憾了。

具备"断舍离"思维

具备长远眼光的人,一定想要奔着自己心中的"亮光"不断前进,而在前进的过程中,他们都懂得"断舍离"。

"断舍离"指的是将那些"不必需、不合适、令人不舒适"的东西统统断绝、舍弃,并切断对它们的眷恋。这是一个网络词语,不过用于一个人的成长方面,作用也是非常明显的。

对"小利"思维"断舍离"

想要获取更大的成就,就不要受眼前利益的诱惑,要懂得放弃眼前的"小利"。大家都能看到如今麦当劳的成功,但大家可能不知道的是,它的成功并不能归于创始人,而是瑞·克罗克。

克罗克本是一个生活坎坷的人,年过 50 还一事无成,有一天,他偶然发现麦当劳的生意红火,同时意识到这样的快餐店在当时的社会发展趋势下会越来越受欢迎。于是,他立即找到麦当劳兄弟,提出想要合伙的意愿,并将自己想要将麦当劳开到别的城市的想法说给了麦当劳兄弟听。虽然同意与克罗克合伙,但是他们却不赞成去其他城市开分店,因为当时凭他们一家店,一年就能稳稳收入 25 万美元了。

克罗克没有强求,只是通过自己的方法,让顾客越来越多、生意越来越好,与此同时,他始终没有忘记做大麦当劳的初衷,因此建议麦氏兄弟开连锁店,并在他的努力下,麦当劳连锁店在美国很快便达到了 200 家,此时克罗克知道一个快餐帝国将要出现了,于是便在一片质疑声中,毅然买下了麦当劳。就这样,克罗克让麦当劳成了遍布全球的快餐帝国。

虽然克罗克在加入麦当劳之前一直事业无成,但加入麦当劳后,他收获了有生以来最大的成功,也获得了很不错的报酬,可是他没有被眼前的利益所吸引,因为他看到的是一个快餐帝国,他始终都在为此努力。

对以往的成就"断舍离"

不管是卡梅隆，还是克罗克，在进一步提升、升华自己之前，都拥有着骄人的成就，但他们没有让自己止步于在他人眼中卓越的成就面前，而是敢于与这些成就"断舍离"，重新出发，才让自己看到了更好的自己。

我们也是一样，在成长的路上，不仅要培养目光长远的格局、能力，还要借助我们长远的目光，看到更好的我们，进而为更好的我们做出努力。

福克兰定律：静待时机，风车从不跑去找风

法国管理学家福克兰认为：在面对选择不知道采取哪种行动时，最好就不要采取行动。

———••———

这就是福克兰定律。它告诉我们，在不知道该怎么做出行动时，要懂得静待时机，不莽撞行动，因为前面到底是馅饼还是陷阱，没办法知道。

生活中，我们难免会遇到一些棘手的事情，不知道怎么办才好，慌乱急躁之下，就像热锅上的蚂蚁一样。在这种情况下，很多人会冲动、意气用事，做事横冲直撞，事后才发现错得离谱，但想要挽回已经没有任何机会了。

喜欢篮球运动的朋友一定不会错过 NBA 的总决赛，而在 2016—2017 年赛季总决赛中，由库里带领的上届冠军勇士队，在以 3:1 大比分领先于詹姆斯率队的骑士队的情况下，让骑士队连续赢下三场，捧走了那一个赛季的冠军奖杯。

要知道，在整个赛季中，勇士队的"死亡五小"和"水花兄弟"的三分球让全联盟忌惮，当然也包括"老弱病残"的骑士队，一共 82 场常规赛，勇士

队赢下了其中的73场，这是以往从来没有过的。正因为如此，总决赛冠军，被大家一致认为非勇士队莫属。那到底是什么原因，让他们在大比分领先的情况下丢了冠军呢？这其中与格林第五场被禁赛是不无关系的。

之所以格林第五场被禁赛，其原因就是他的冲动、意气用事，在系列赛中，恶意犯规累积，已经达到了被自动禁赛的标准，所以才被禁赛。但同时，比赛结果也随着格林的被禁赛改了走向，虽然第六场、第七场，格林都回到了赛场上，但正是第五场，让勇士队失去了卫冕的最佳时机。

赛后，格林一直很懊恼、沮丧，认为都是因为自己才导致勇士队没能卫冕冠军的，如果不是自己被禁赛，第五场或许就能在主场赢下总冠军。但一切都已经结束了，他们必须接受输球的结局。

大仲马说过，人类的一切智慧是包含在"等待"和"希望"这两个词语里面的。因此，想要拥有成功人生，除了自身须具备一定的能力以外，还须注意做到以下几点。

懂得静待时机

人生在世，想要成就一番事业，对时机的把握非常重要。机会随时随地都有，但并不是每一次机会都适合自己，因此，我们还需要学会静待时机，到真正该出手的时候再出手。就像斯克利维斯说的一句话："耐心等待，风车从不跑去找风。"

乌拉圭丛林中生活着一种巨蛙，它们以蛇为生，但是蛇向来敏捷，而且从我们了解的生活常识来讲，蛙类动物是蛇的食物才对，巨蛙再大依然还是蛙，它们怎么就能做到一招制敌、吞食蛇类呢？

原来，巨蛙在捕蛇时，从来不会轻举妄动、莽撞行事，而是会严格做到以下几点：

第一，不捕猎从自己身后向前游行的蛇，只捕猎迎面而来的蛇；

第二，只吃不超过1米的蛇，超过这个长度它们不捕；

第三，尽量选择在灌木丛中捕蛇。

为什么要这么严格进行选择呢？因为迎面来的蛇，巨蛙可以一口便咬住蛇头，达到一招制敌的目的；太大的蛇巨蛙没办法吞下，所以1米以下的蛇最适合；等待在灌木丛中与蛇较量，是因为蛇在被咬住头后，其身体就会缠绕在灌木枝上，不会缠绕巨蛙。

因此，每次捕食蛇时，巨蛙都会静静地趴在灌木丛中，静待猎物迎面而来时，猛地一跃，张大嘴巴瞬间便将猎物的脑袋咬在嘴里，然后再借助四肢的力量将猎物紧勒到窒息而死，最后再慢慢吞咽猎物。

巨蛙很清楚自己的能力，不静待时机，不找到最佳的捕食地点，它们的胜算可能并不大。因此，在做事情前，我们还应该审时度势，等待最适合自己的最佳时机。

▶ 全面看待每一个机会

阿里巴巴总裁马云说过："CEO的主要任务不是寻机会，而是对机会说No。机会太多，只能抓一个，抓多了，什么都会丢掉。"马云的话虽然是针对管理者来说的，但作为想要成长的我们，马云的话一样适用。机会时时处处都存在，但想要控制风险，做出最佳的选择，就要认真对待每一个机会，全面去考量。此时就要做到以下几点：

第一，对自己有清晰的认知，包括性格、能力、优势、缺点等。

第二，对面前的机会有清晰的认识，可以通过做调查了解这些机会，比如这些机会对你来说，风险是高还是低，是不是适合你的风险承受能力。

▶ 培养沉着冷静的心态

只有在沉着冷静的心态下，才能将事情处理得更好，可是，事实上，人是有感情的，没有人能永远保持冷静，不管是谁，都会出现不理智的情况。而且，冷静本身对心理来说就是一种承受能力，它终归会有一个极限去突破。因此，我们可以不让自己时时都保持冷静，但平时却要多注意培养沉着冷静的心态。这可以从以下一些方面来培养。

首先，注重个人形象，尤其是个人卫生、服装搭配方面，一个邋遢的人，遇事也难以做到沉着冷静，而注重外表形象的人，则会自然形成一种自信，让自己在糟糕的环境中不冲动、不冒失。

其次，在做某件事之前，一定要对这件事进行认真、仔细的分析，让自己有充分的思想准备。同时，在做事时，要从心底给自己沉着冷静的正面暗示。

最后，心中有正气，自然会有以不变应万变的十足底气。

静待时机，为的是最后的"致命一击"，当抓住了最适合你的机会时，就要坚持执行贯彻下去，直到让这一机会成为你成长的阶梯。当然，无论是社会，还是市场环境，抑或是自己的生活、心情等，每天都在变化，抓住了最佳机会，还要不断地适应变化，随时关注变化，调整自己成长的路径。

第六章
互惠思维：良好的人际关系从互惠互利开始

人与人交往，关键是看存不存在成长性的人际关系：能够促进彼此成长、发展和成熟，并改善彼此的生活及相处的品质关系。能够拥有这样的人际关系，对个人的成长无疑有着非常有益的帮助。但是，想要在成长过程中，让自己拥有良好的成长性人际关系，就要具备互惠互利的思维，让对方真正从心里信任你、支持你、理解你，心甘情愿地与你一起合作、一起成长。

首因效应：初次见面，用"7—5—4"法让人深深记住你

美国社会心理学家洛钦斯于1957年做了一个实验，实验材料是被杜撰的一个叫詹姆的学生的两段生活故事：

第一段：詹姆和两个朋友一起去买文具，阳光普照，他们一边走一边晒太阳。文具店内挤满了人，詹姆一边选购文具一边与朋友聊天。从文具店出来后，他先遇到了熟人，并与他打招呼，后来又遇到了头天晚上刚认识的一个女孩子，他们也相互打了招呼，聊了几句。

第二段：放学后，詹姆独自走在回家的路上，阳光普照，他默默地走在阴凉处，迎面遇到了头天晚上刚认识的女孩儿，他低头走过去了。在经过一家饮食店时，他发现里面挤满了学生，并看到几张熟悉的面孔，但他没有上前打招呼，而是安静地等待着店员帮他拿饮料。拿到饮料，他独自一人靠在墙边喝完饮料就回家了。

很显然，以上两段故事，一段将詹姆描述成了热情、外向的人，一段将他描述成了冷淡、内向的人。

洛钦斯的实验开始了，他将两段故事进行了几种排列组合：

第一组：将热情外向的材料放在前面，内向的放在后面。

第二组：将内向的材料放在前面，外向的放在后面。

第三组：只出示了外向的材料。

第四组：只出示了内向的材料。

接着，洛钦斯将组合不同的材料，交给水平差不多的中学生阅读，并要求他们阅读后对詹姆这个人做出评价。结果显示：

第一组：78%的人认为詹姆是个热情外向的人。

第二组：18%的人认为詹姆是个热情外向的人。

第三组：95%的人认为詹姆是个热情外向的人。

第四组：3%的人认为詹姆是个热情外向的人。

这就是心理学上的首因效应，它证明了第一印象对一个人认知的影响，其中，情感因素发挥了十分重要的作用，人们更喜欢友好、大方、情感随和的人。

我们的成长之路少不了和谐的人际关系，而通过首因效应的启示，我们就能知道，想要有不错的人际关系，首先就要给他人留下良好的第一印象，让他人在第一次见你时，就对你留下深深的良好印象。

那我们该如何给他人留下良好的第一印象呢？下面的方法不妨一试。

▶ 用好关键的7秒钟

心理学研究发现，当他人看到你的第一眼后，大概只需要7秒钟的时间就能决定他会不会喜欢你，没错，只有7秒钟！而通过这7秒钟建立起的第一印象，很难再被改变。因此，在与人见面前，要做足十二分的准备，充分抓住开场的关键时刻，通过以下几方面来展现你的魅力。

展现优质的人格魅力

很多人认为受人欢迎是一种特质，是与生俱来的，其实不是的，它与一个人的人格魅力是有关的，是我们完全可以控制的。

对此，加州大学洛杉矶分校就做过一项研究，他们让受试者依照他们自己主观的想法，依照"受人喜欢"的程度，对500多个形容词进行排序。结果发现，排在最前面的是真诚、诚实、善解人意等人格魅力。

因此，在关键的7秒钟内，一定要展现出你的真诚等人格魅力，不要矫揉造作、假模假样的。

注意肢体语言和微笑

虽然这是老生常谈，但是想要在短时间内给人留下深刻的印象，就一定要在肢体语言和微表情上下功夫。

举个例子，第一次与人进行商务洽谈，你一进门直接就倒在沙发上来一个"葛优瘫"，或者做出双手交叉抱胸的动作，试想，会给对方什么印象？哪怕你身份尊贵，这种仪态即便别人嘴上不说，心里也会马上给你打上一个"×"。

微笑是畅行天下的通行证，但是强行装出来的恭维的微笑、勉强的微笑等是没有吸引力的，而发自内心的自信与真诚的微笑才是直击心底，让人舒服、记忆深刻的。

▶ 闲聊5分钟

7秒钟的关键时间固然重要，但接下来进入相互交流的阶段，才真正进入相互了解的深入阶段，此时为了让初次见面的关系变得轻松、和谐，在进入正式话题之前，不如先进行一场5分钟的闲聊。话题可以宽泛一些，比如学校、专业、爱好、兴趣等，可以围绕某一个点展开。当然，如果是非常重要且正式的会面，这部分虽然是闲聊，一样要提前做好功课，以避免不经意间触碰到对方的敏感点，否则无疑是一下子判了你们之间关系的"死刑"。

此外，闲聊，不要掺杂任何的功利目的，同时一定要显露真诚。真诚待人是让人喜欢自己的一大重要因素，毕竟没人会喜欢一个信口开河的人。真诚能让情感自然地流露，让他人、让自己都感觉舒服，不用总想着用假话来蒙骗，毕竟前面说一句谎话，后面就要编出10句来圆谎，在此之间，会有无数的漏洞让对方看出来，进而为你的形象、品质减分。

还需要注意的是，在闲聊的5分钟内，有些人可能会过于放松，而在肢体语言和口头语言上开始放飞自我，这也会让自己的形象大打折扣。一定要记住，5分钟的闲聊并不是让你完全放松自我，而是活跃气氛，拉近彼此间的距离，让彼此增加熟悉感。

▶ 学会4点积极聆听法

5分钟闲聊过后，正式进入主题。在这个环节，非常重要的一点就是要注意积极聆听，不管你平时多么健谈，或者你的观点多么鲜明，都要先学会积极聆听对方所说的内容。怎么才算积极聆听呢？还要学会4点积极聆听法（图6-1）。

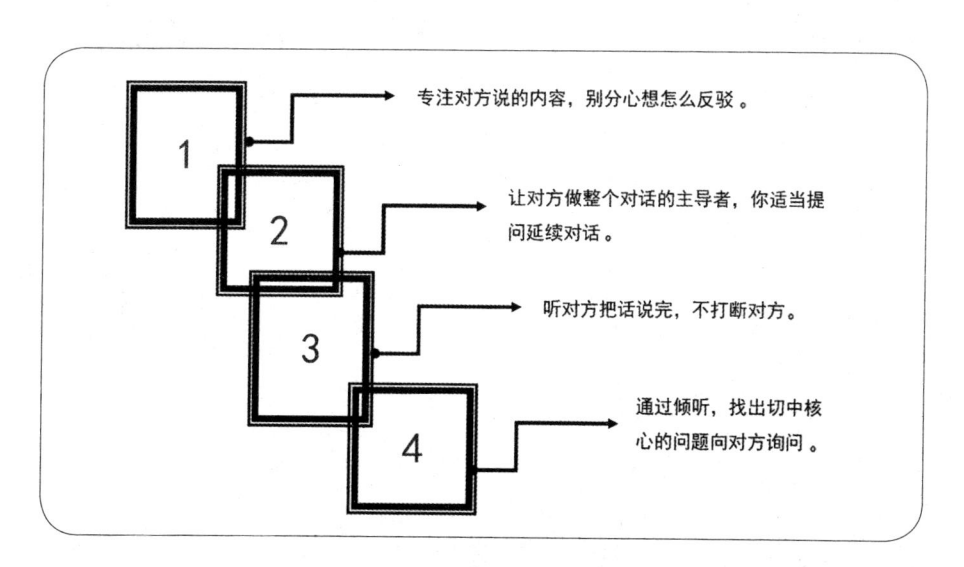

1. 专注对方说的内容，别分心想怎么反驳。
2. 让对方做整个对话的主导者，你适当提问延续对话。
3. 听对方把话说完，不打断对方。
4. 通过倾听，找出切中核心的问题向对方询问。

图6-1　4点积极聆听法

很多人在与人聊天时，看似在专注地听人说话，其实已经放飞了自己的思想，在不断地思索着该如何反驳对方，这就影响到积极聆听了。

记住，在对话中处于支配地位并不会促进你与对方的关系，也不能帮助你得到对方的信任，而你全程都做一个倾听者，倾听对方的感受、想法和故事，并给予理解，会让对方对你产生信任和安全感。这就需要让对方做对话的主导者，而你则不时地抛出一个与他的对话内容相关的问题，让他的对话持续下去。

在对方正在说话的过程中，若打断对方，就意味着你要说的内容要比对方的更重要，这对对方是极大的不礼貌。

向对方提问，尤其围绕对方所谈内容的核心提问，表示你非常认真地听对方说话了，而且很敏锐地抓到了精髓，这点会深受对方欣赏。

此外，在人际交往中，想要给人留下关键的第一印象，一些小细节还需要特别注意，比如在与人交流沟通时，不停低头看手机，这就是一种对人不尊重的表现。同时，还有一点是必须记牢的，那就是对方的姓名。在交流中，不断称呼对方的名字，或者带姓氏尊称他，比如张老师、王经理等，会让对方觉得自己被赞美了，受到了你的尊重，由此会对你产生好感。

跷跷板效应：把自己打造成"绩优股"，提升"被利用"的价值

一位大学教授做了一个实验：他随机选择了一些素昧平生的人，并给他们每个人都寄去了圣诞贺卡。他起初预测会有一些回音，但没想到的是，回赠的贺卡就像雪花一样给他寄了过来，而这些回赠贺卡的人，有很大一部分从来没有听说过这个教授，也不曾向他人打听过他到底是谁，仅是因为教授给他寄了贺卡，出于礼貌互动，自动回赠了一张。

这就像两个玩跷跷板的人，一人坐一端，一人用力下压，另一人就会被高高跷起，进而享受高处的快乐。但是他必须马上回应用力下压，才能让游戏继续下去，否则对方因为长期处于地面上，就会失去兴趣而停止游戏。这也就是心理学上的跷跷板效应。

跷跷板效应告诉我们：若想保持人与人之间稳固、和谐的关系，就要像玩跷跷板一样你来我往、互惠互利。

著名社会心理学家霍曼斯提出：从本质上来说，人际交往就是一个社会交换、相互给予彼此所需要的过程。可事实上，生活中，很多人以自我需要和兴

趣为中心，眼中只有自己的利益，从不考虑他人的感受和利益得失，无论什么事情，都习惯站在自己的角度去思考，无形中便给自己的人际交往设置了障碍，阻碍了人际关系的正常发展。这类人通常被人们认为是"自私"的。但"自私"也分有意识和无意识（图6-2）。

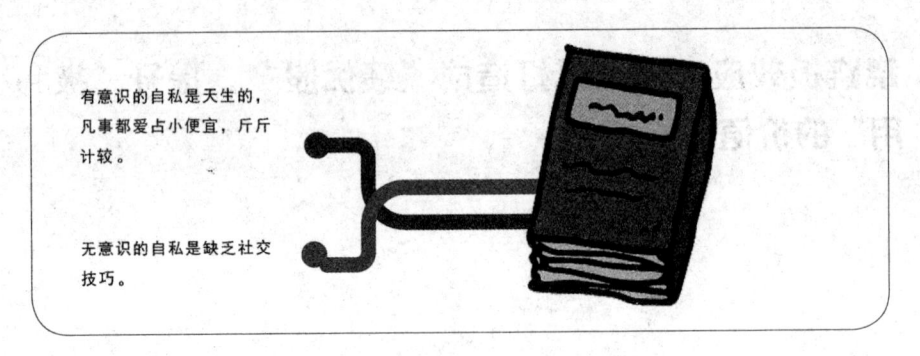

> 有意识的自私是天生的，凡事都爱占小便宜，斤斤计较。
>
> 无意识的自私是缺乏社交技巧。

图6-2　不同意识下的自私性质不同

生活中，无论什么事，我们都希望能实现利益最大化，人际交往也一样，不管是谁，不管有多无私，谁也不愿意只无偿付出而没有丝毫回报，谁也不愿意只接受回报而没有付出，稳固的人际关系更需要保持一个平衡：你给我一个李子，我还你一个桃子，如此才能让人际关系持续稳固。

当然，在平衡、稳固的基础上，如果让对方真正喜欢与你交往，还需要提升自己"被利用"的价值。

"被利用"听起来有些功利，但人际关系心理学家认为，在互惠互利的基础上，学会"被利用"是最高层次的人际交往境界。虽然社会提倡奉献和利他精神，但人与人的交往，大多是想从交往对象那里满足自己的某些需求，可能是精神上的，也可能是物质上的。这就决定了人们会根据一定的价值观选择人际关系，值得的关系就去维护，不值得的关系就疏离。因此，若想受他人欢迎，那么就要了解这一规则，提升自己"被利用"的价值，让自己始终是别人眼中的"绩优股"。那具体该怎么做呢？这还需要我们做好以下几点。

▶ 经常给予他人帮助

不管是在家里，还是在学校的课堂上，我们经常会听到父母或老师告诉我们"多帮助他人"，并且让我们知道帮助他人是一种美德。助人为乐的确是值得每个人提倡的品质，不过功利一些讲，你在别人困难的时候拉了一把，反过来，当你遇到困难的时候，他是不是也会伸手来帮你呢？同时，在别人处于低谷时出手相帮助，是不是让人看到了"患难见真情"呢？

在新东方发展的过程中，有关俞敏洪被打劫的事情一直在坊间流传，而在《我曾走在崩溃边缘》中，俞敏洪第一次全面记录了这次事件：劫匪先后打劫了7个人，每个人都被注射了麻醉大型动物用的麻醉药，而只有被抢劫了近200万元的俞敏洪活了下来，其原因就源于当初他的一次帮助。

新东方开办初期收上来的学费，因为没有一个保险的地方存放，俞敏洪每周末都要直接拎回家，结果被租用的授课场所——北京郊区的一家度假村的老板盯上了。原来这个老板坐过牢，在决定将场所租给俞敏洪时，他提出先支付20万的押金，到期再退还，结果暑假班结束后，该退还的还差3万块钱，他却无力退还，俞敏洪没有强制他还，这也算是帮了他吧。也正因为如此，当他带着手下给俞敏洪注射了给大象、老虎注射的麻醉剂，发现他还有呼吸后，还是决定留他一命，因为他认为俞敏洪是个好人。

虽然俞敏洪帮了一个不该帮的人，但能够从中捡回一条命，也正是源于他当初的帮助。

▶ 充分挖掘自身潜力，提升自身能力

没有人愿意与比自己能力低的人交往，也没有人相信一个比自己能力低得多的人会具有很高的利用价值，因此，在生活和工作中不断发现自身具备的更大潜力，并通过学习、实践等将潜力激发出来，并转化成能力，才能让自己有"被利用"的价值。这点就要靠自身努力了。

👉 懂得展示自身价值

拥有一身的本事，却找不到施展的地方，这与不懂展示自身的价值有很大关系。你有本事，却不懂施展，别人就没有办法看到你的价值，只有在你的价值摆在大家面前时，人们才能知道你可能是他们需要的人。而展示自身的价值，除了自带"干货"以外，还得拥有充足的自信心和敏锐的洞察力。自信心让你有足够的勇气展示价值，而敏锐的洞察力让你能及时抓住展示的机会。

👉 接受不成熟的"被利用"

"被利用"的感觉有时候是苦涩的，这一般源于两个原因（图6-3）。

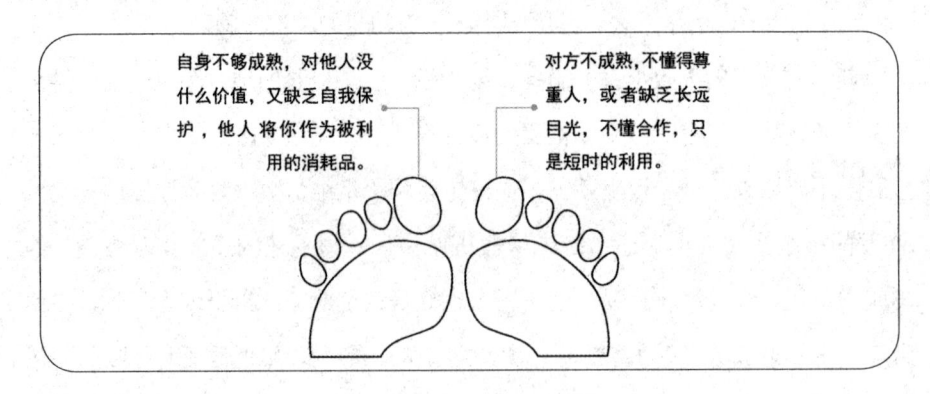

```
自身不够成熟，对他人没          对方不成熟，不懂得尊
什么价值，又缺乏自我保          重人，或者缺乏长远
护，他人将你作为被利            目光，不懂合作，只
用的消耗品。                    是短时的利用。
```

图6-3　被利用时感到苦涩的两个原因

其实，即便你已经非常优秀，依然会有一些想以不尊重的方式利用你的人，如果没有其他选择的余地，那就告诉自己咬牙隐忍，并在过程中不断提升自己，让自己变得值钱。因为你越是值钱，尊重你的人就越多，你的选择空间就越大。俞敏洪说的"与其有钱，不如值钱"正是这个道理，人家千万年薪聘你，你肯定就值这个钱。

所以，人生于世，要通过个人的价值对别人有用，同时也要学会被人利用，如果你没有"被利用"的价值，不仅在人际关系上寸步难行，在人生道路上更显孤独无助。

刺猬效应：再好的关系也要保持适当距离

西方有一则寓言：寒冷冬夜中，两只刺猬相互依偎取暖。一开始因为距离太近，两只刺猬被扎得满身鲜血，后来它们适当拉开了一定距离，既达到了取暖效果，又确保了对方不被刺伤。

心理学家根据这一寓言故事总结出了著名的"刺猬效应"。

刺猬效应强调的就是人际交往中的"心理距离"：在日常相处中，只有保持适当的距离，才能取得良好的交往效果。

通用电气公司前总裁斯通就非常注意工作中与同事之间的距离：在工作环境、工资待遇方面，他愿意给中高层管理者提供好的，但是在工作之余，他从来不邀请他们到家里做客，也从来不接受他们的邀请去家里做客。正是这种关系，让斯通与公司同事之间保持着非常愉悦的关系，大家在各自领域内的工作完成得也非常出色。

再好的关系也要保持适当的距离，才能让人在与你交往中有轻松、舒适的感觉。太近了，可能会给人一种压迫感；而太远了，又会疏远彼此间的关系。

那么如何才能让彼此找到一个非常合适的距离呢？下面几点我们首先需要弄清楚。

什么样的距离才算恰当

在人际交往中，如何判定彼此之间的距离最为恰当，是由交往双方的关系及其所处的情境决定的，也就是说，你和对方的亲疏关系及所在环境决定了你与对方之间应保持的距离。

心理学家做过一个实验，实验的目的是测试被试者能不能接受在一个仅有两位陌生人的空间内，彼此很靠近地坐着。结果，心理学家找来了80个人进行测试，没有一个人愿意忍受陌生人与自己坐得太靠近的事实。为此，美国著名人类学家爱德华·霍尔博士将不同的人际关系划分为四种不同的心理距离（图6-4）。

图6-4 四种人际关系的心理距离

人际交往中的心理距离最小的是亲密距离，彼此间基本上能够感受到对方的体温、气味甚至是气息，这种距离主要还是出现在最亲密的人之间，比如夫妻、恋人等。

个人与个人之间的交往就需要一些距离了，相互之间几乎没有什么直接的身体接触，一般出现在关系不错的朋友间。

在工作场合或者社交聚会上，就要适当保持较大的距离了，距离太近会给人压迫感，招人反感。

公众距离最远，一般可以达到10米以上，也就是基本上所有人都处于开放空间内，彼此间不会干涉到对方，甚至完全可以忽略空间内的其他人，不会彼此产生接触、交往。

有了上面爱德华·霍尔博士给出的人际交往关系心理距离，我们就能大致判定彼此间的适当距离。

心理距离具有伸缩性

在与人交往的过程中，彼此间的心理距离不是一成不变的，很多时候，随着交往的深入，心理距离会产生变化，不是变大了，就是变小了，具有一定的伸缩性。例如，一对恋人，从开始对对方产生好感时的较远个人距离，到发展成恋人关系的亲密距离，就是从较大的距离向较小的距离变化了。因此，根据不同的情境，还要学会合理地调节心理距离。具体还要依据以下几个方面来进行调节。

各自文化背景的不同

由于每个人的文化背景不同，人们对"自我"的理解也不同。举个例子来说，美国人理解的"自我"范围，包括皮肤、衣服以及身体外几十厘米的空间，因此与人交往时往往会因为过度热情而被人嫌弃。阿拉伯人理解的"自我"是精神和心灵方面的，他们认为物质的肉身只是精神和心灵的寄存体、暂居地、身外之物，真正的"自我"只有精神和心灵，所以，与他们交往的人，常常被认为过于冷淡。

不仅是国家与国家之间的文化背景差异，就是人与人之间，也要考虑文化背景。一个出国留学回来的男士，为了表示友好，逢人就拥抱，可是一直深居农村的女性接受这种拥抱可能就会显得不自在、不舒服。

因此，在与人交往时，一定要充分了解他们的文化背景，以避免不必要的误会和反感。

社会地位的不同

社会地位越高的人，一般来讲，自我空间要求就越大，所以，在与自己地位高的人相处时，不管你们的关系已经发展到怎样的地步，只要不是亲密关系，都尽量与他保持比个人距离更远一些的距离。距离近了，会让对方感到不被尊重。

性格的不同

性格开朗的人与人之间的空间较小，更容易让他人接近，也愿意主动去接近他人，但性格孤僻、内向的人自我空间大，对靠近他的人会很敏感，不会轻易让人近距离接触自己，哪怕是好朋友和家人。

除了在以上三个方面的不同情境下注意距离的转变以外，与人相处时还要特别注意保护对方的隐私，哪怕是无话不谈的夫妻、父母，都要有自己的隐私空间。因此，与人相处时不要随意打听或者戳破对方的隐私。

距离产生美，在与人交往的过程中，要特别注意彼此间的心理距离，才能让各自安好，关系长久。

自己人效应：想拥有好人缘就把对方看成是自己人

在与人交往的过程中，彼此关系良好，这样一方更容易接受另一方的观点、意见，甚至连对方提出的苛刻要求都会答应。

心理学上将这种现象称为"自己人效应"。

自己人效应告诉我们：如果你想让别人同意你的想法，你首先就要让他相信你是他忠实的朋友，即"自己人"。

俗话说得好："物以类聚，人以群分。"人们总喜欢和自己投缘以及价值观、世界观相同的人相处，他们会认为这样的人属于"自己人"，是和自己一样的人。

美国前总统林肯在参加总统竞选时，最大的对手就是富翁道格拉斯，而他则是被大家公认的穷人。然而，正是因为贫穷，让他登上了总统宝座。

当时道格拉斯租用了一辆豪车，沿路宣传演讲，并且扬言说要让乡巴佬林肯闻闻他的贵族气味。但是林肯并没有被他的气势吓倒，而是登上了大家为他准备的农用马拉车，沿街发表着他独特的竞选演说。

他说:"有人写信问我有多少财产。我有一个妻子和三个儿子,他们都是无价之宝。此外,还租有一个办公室,室内有办公桌子一张,椅子三把,墙角还有一个大书架,架上的书值得每个人一读。我本人既穷又瘦,脸蛋很长,不会发福,我实在没有什么可以依靠的,唯一可以依靠的就是你们。"

正是这番接地气的话,瞬间拉近了林肯与普通老百姓间的距离,让老百姓感受到了林肯有着和他们一样的生活和感受,这样的人更了解百姓疾苦,更愿意为大家着想,于是便大力支持林肯。

让对方觉得你和他是一样的人,是"自己人",对方马上会对你产生一种熟悉感,进而对你提出的建议、要求也愿意接受。有句话是这样说的:"是自己人,你看着办;不是自己人,一切按照规矩办。"说的就是自己人效应对人际关系,或者说对办成事儿的重要作用。

那么,我们又该如何让对方认为我们是他的"自己人"呢?具体还得注意以下几个方面。

▶ 给对方平等的感觉

想让对方将你当作"自己人",在与对方相处时,就要以平等的态度相待。如果你动不动就摆出一副高高在上的架势,或者板着脸用强硬的语气教训对方,那对方无论如何也没办法喜欢你,也没有办法将你与"自己人"联系在一起。

举个例子。有两家公司,其中一家公司的老板非常受员工欢迎,大家平时打成一片,有什么问题很快就能解决,公司效益非常好。而另一家公司的老板一点儿也不受员工待见,大家平时在一个非常沉闷的气氛中工作,有问题也不及时反馈,导致问题越积越多,公司效益也不好。两个老板、两家公司形成了鲜明对比,其原因就出在了"平等"两个字上。

受欢迎的老板,不管是在开会,还是在与员工相互交流时,用的都是"我们大家都想想有没有什么更好的办法"之类的话,将自己和大家处于同一地位上;而不受欢迎的老板用的则是"我希望你们都能献计献策,别拿公司的事不当回事"这样的话，是用领导的身份在给员工施压。

因此，不管是生活中，还是工作中，想要让对方把你当成自己人，就要注意言行举止，不要给人一种颐指气使、高高在上的感觉。

对对方表现出浓厚的兴趣

卡耐基说过一段话："你如果真心对别人感兴趣，两个月内你就能比一个光要别人对他感兴趣的人两年内所交的朋友还要多。"也就是说，想要别人对你感兴趣，首先你要对别人表现出浓厚的兴趣。

例如，一个销售人员准备攻下一个大客户，这个客户已经多次拒绝与他们公司的合作了。为了达到让他跟自己合作的目的，这个销售人员查阅了大量与客户相关的资料，并且从各方打听到了客户的信息。在一个多月的准备后，这个客户的信息基本都被他掌握了。他攻克客户的行动开始了！每天早上准时出现在客户跑步的跑道上，从第一天偶遇，到半个月后的惺惺相惜，这个销售人员就这样成功拿下了客户手中的超级大订单。

真对一个人感兴趣，就应时时关注他的动态、信息，了解他的学习、工作、生活，真心地想要与对方接触，你就会发现有太多的机会。

展现个人魅力

正如前面说的"物以类聚，人以群分"，志趣相投，世界观、价值观相同，或者说与自己的认知在同一个水平上的人，更容易被认作"自己人"，因此，在成长的路上寻找"自己人"的过程中，别忘了时时展现你个人的魅力，包括才华、技能、对事情的观点等，当你将最好的自己展现在对方面前时，才能提起对方的兴趣，使其愿意与你成为"自己人"。

就拿NBA的勇士队来说吧，杜兰特之所以当初宁愿背负着被骂"软蛋""叛徒"的骂名也要加入勇士队，正是因为他看到了勇士队教练组和球员的能力，当然还有团队精神和对冠军的强烈渴望。同时，杜兰特的能力也是大家有目共睹的，他是整个联盟超巨中的超巨，勇士团队与杜兰特之间，被彼此的魅力吸引，也相互携手连续拿下了两个冠军。

所以，想要成为别人眼中的"自己人"，首先你得具备让他觉得你够他"自己人"的资格才行。因此，还是那句话，不断提升自己的能力，永远不要让自己止步不前，否则到最后你连朋友都没有了。

出丑效应：偶尔犯犯"二"更让人喜欢

1966年，社会心理学家艾略特·阿伦森和他的同伴们做了一个关于"印象形成"的实验。实验中，他们找来48名大二男生，并要求这些男生听一段大学智力问答竞赛选拔的录音，然后对录音对象的印象以及魅力值进行描述和打分。

实验准备了4卷磁带，分别是：

第一卷，才能卓越者的录音：这个学生在竞赛中正确回答了92%的问题，是学校的优秀生，品学兼优，多才多艺，且担任学生社团要务。

第二卷，才能卓越者的录音：这个学生和第一卷磁带的学生表现一样，能正确解答92%的问题，是学校的优秀生，品学兼优，多才多艺，且担任学生社团要务，但在比赛结束前，他不小心把咖啡洒到了自己身上。

第三卷，能力普通者的录音：这个学生答题准确率仅为30%，学习成绩一般，能力一般，没什么才艺，没有担任任何学校社团要务。

第四卷，能力普通者的录音：这个学生和第三卷录音的学生一样，答题准确率仅为30%，学习成绩一般，能力一般，没什么才艺，没有担任任何学校社团要务，而和第二卷录音的学生一样，不小心把咖啡洒到了身上。

很显然，这四卷录音对应了四个不同表现的学生：

第一卷，属于优秀的人才。

第二卷，属于有一些小瑕疵的优秀人才。

第三卷，属于能力普通的人。

第四卷，属于偶尔会犯犯傻、蠢的人，能力普通者。

最后得出如下结论：

最受人喜欢的是第二卷有一些小瑕疵的优秀人才，优秀人员次之，能力普通者排在第三名，最不受人待见的是能力普通还犯蠢的第四卷的人。

犯了小小失误，或者有些许的小瑕疵，提升了人际吸引力，当然，前提是这个人本身属于很优秀的人。这种现象在心理学上被称为"出丑效应"。

在人际交往中，相比那些能力普通的人，我们或许更喜欢那些拥有卓越才能的人，可是为什么并不是所有有才能的人都被我们喜欢呢？从心理学角度来讲，主要有两方面的原因（图6-5）。

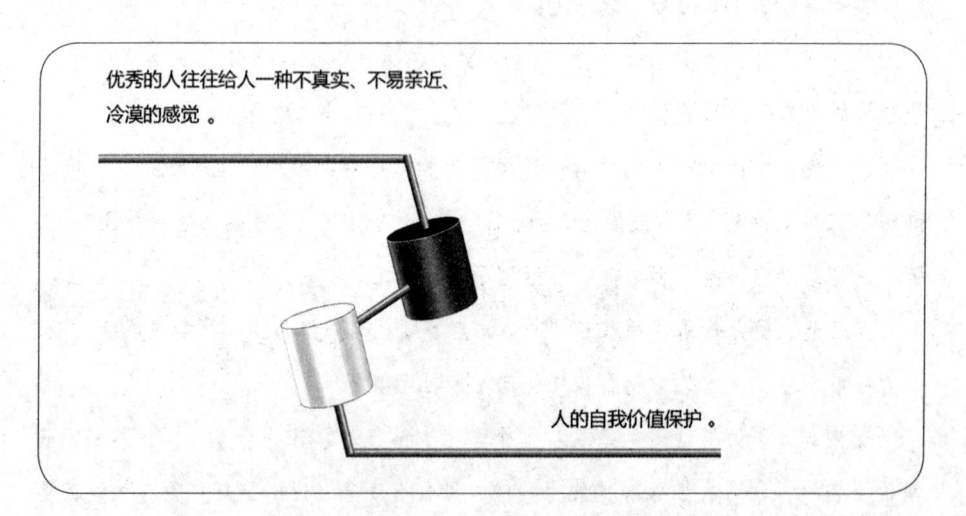

> 优秀的人往往给人一种不真实、不易亲近、冷漠的感觉。
>
> 人的自我价值保护。

图6-5　太有才能的人不太受人欢迎的原因

其实在生活中，我们也有这样的感觉：太过优秀、太过完美的人，就像是"非人类"一样，当然，这其中有能力不对等、学识不对等方面的原因，但更重要的还是这些优秀人士给我们的感觉是他们属于"千里之外"的人。对这类人，我们所持的态度只有敬而远之、仰之。

从对自我价值的保护来说，人们虽然喜欢有才能的人，但如果对方的才能过于明显，致使自己感到卑微、无能、毫无用处，那事情就会向相反的方向转变，因为没有一个人愿意让一个能力比自己高出很多的人压制着。

而反过来，优秀者偶尔的一个小瑕疵、小失误，反倒给他自身增添了真实感、亲切感，更接"地气"，在这种情况下，一下子就拉近了优秀者和大家之间的距离。

在 NBA 中，不乏超级巨星出糗的时候，为此，很多视频网站还特意将他们出糗的瞬间做成视频供大家欣赏。但正是这些出糗的瞬间，犯错、失误的情景，让他们显得更为可爱、真实，让大家也能感受到他们是真正的人类，不是外星人，反而更加喜欢他们。

因此，想要获得更好的人际关系，让更多的人喜欢你，在与人交往中不妨试着犯犯"二"、出出"丑"，让大家在捧腹之间更觉你的可爱、你的真实。不过，在应用出丑效应时还要注意以下几个事项。

▶ "出丑效应"不是万能公式

虽然适当地犯犯傻、出出丑，可以增加他人对你的好感，但是要注意，出丑效应并不是万能的，并不是所有人都能接受你的犯傻充愣。相关实验研究表明，以下几个因素直接关系到出丑效应是不是管用（图6-6）。

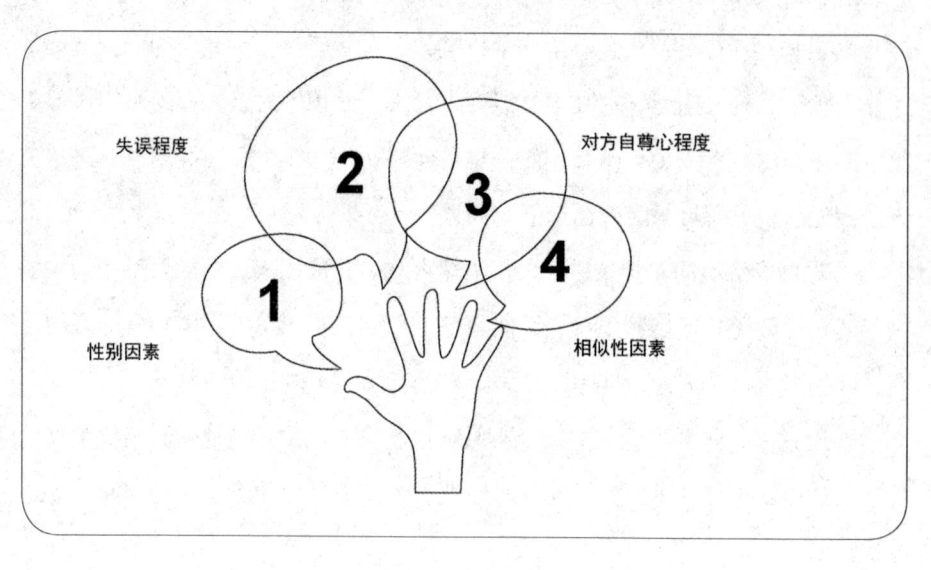

图6-6　影响出丑效应作用的因素

从性别方面来说，男性相对于女性，更喜欢那些有点儿小瑕疵的优秀人才，而女性则更追求完美，喜欢没有一点儿错误的人。

从失误的程度来说，失误太小，起不到作用。例如，虽然碰到了杯子，但是咖啡没有洒出来，这样就无法让出丑效应起作用。

从对方自尊心程度方面来说，拥有高自尊和低自尊的人，都更倾向于完美的卓越人士，而中等水平自尊者更倾向于会犯一些小失误的卓越人士。

从相似性方面来讲，如果自身的水平与大家都处于同一水平线上，那么你的出丑无疑给大家带来了挖苦、讽刺的机会，此时出丑效应也不管用。

让自己不断进步、提升

在想着用出丑效应来博取大家的更多好感时，一定要记住实验中大家的反应：大家更喜欢有小瑕疵的优秀人士，而最不屑的就是既没有能力又容易出错的人。因此，想用出丑效应，你必须得拥有可以出丑的资本才行。而这个资本就是你足够优秀。如果目前的自己还不能达到优秀的程度，那么就开始提升自己、充实自己，用自己的技能来让你的小失误、偶尔的犯"二"变得更有魅力吧。

就像那些影视明星，经常会忘事情，或者丢东西，但是大家依然喜欢他们，就是因为他们具备演艺才华。就像王宝强，普通话不标准，不会用英语交流，长相不帅气，个头不高，但依然挡不住太多的人喜欢他，因为他的表演能力让大家折服。

无论怎么说，在人际交往中，不断让自己优秀才是硬道理，在优秀的基础上，为给自己的人际关系更进一步，不妨有意识地制造一些"小瑕疵"，让大家更愿意与你交往。

互悦机制：你喜欢他，他就喜欢你

美国威斯康星大学做过这样一个实验：让甲、乙两队进行保龄球比赛。结果第一球过后，甲、乙两队各击倒了7个瓶子。这时，实验特别要求甲队的教练过去对自己的队员们说："你们打倒了7个瓶子，表现已经很好了，继续加油！"同时要求乙队的教练对乙队的队员们说："平时是怎么教你们的，都忘了吗？你们打的这是什么球，怎么可以这么差？"

在接下来的比赛中，甲队因为受到了教练的鼓舞，比赛中表现得越来越好，而乙队队员因为受到了教练的责备，内心不满，情绪不佳，越打越糟糕。最终，甲队赢得了比赛。

———••———

这种现象被心理学家称为"互悦机制"。

通俗来说，互悦机制就是人们平常说的两情相悦，是人际交往中一种很自然的心理规律。即在与人相处中，想要得到对方的欢迎，仅仅支持他的观点，或者让对方支持你的观点、建议，还远远不够，只有让对方真正喜欢你才行。

正如管理心理学中有句名言说的那样："如果你想要人们相信你是对的，并按照你的意见行事，那就首先需要人们喜欢你，否则，你的尝试就会失败。"

互悦机制在人际交往中能够起到如此重要的作用，但又该如何让他人感受到你对他的喜欢呢？虽然可以直接说"我喜欢你"，但让对方感到你喜欢他的感觉作用并不大。因此，还需要在以下几个方面真正从言行上体现出你对对方的喜欢。

运用"喜好原理"

著名心理学家埃姆斯威勒等人做过这样一个实验：

他们在一所大学里向学生索要一角钱，当他们的穿衣风格与言谈举止和被索要钱的学生很相似或者接近时，有2/3的人给了他们钱；当他们的穿衣风格与言谈举止和被索要钱的学生不接近甚至是完全不同时，只有不到1/5的人给了他们钱。

这项实验充分说明：人们更容易接受与自己相似的人。而这里的"相似"就包括以下多个方面（图6-7）。

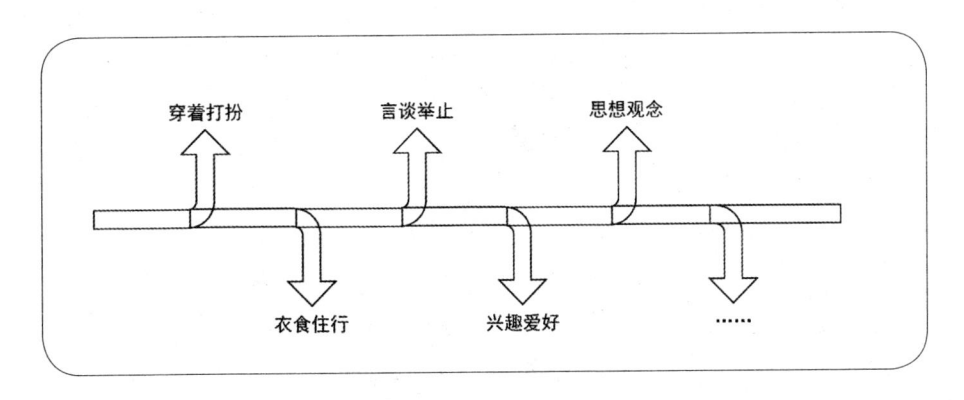

图6-7 让别人喜欢你的"相似"处

也就是说，想要对方喜欢你，你得了解对方的喜好，然后将自己适当包装成对方喜欢的样子。

☛ 在言行中表达对对方的赞赏、敬佩等

其实，表达喜欢、赞赏、赏识等的方式有很多。杜兰特在加盟勇士队后，一直被叫作"投敌杜"，雷霆的忠实球迷还做纸杯蛋糕侮辱他，但是，他在这些难听的话、侮辱性的行为面前，并没有退缩，而是和库里、汤普森等人团结作战，拿下了一座又一座冠军奖杯。到底是什么支撑着他强大的内心呢？除了团队争冠的信心以外，更多的是原勇士队员们对他能力的赞赏。

在招募杜兰特时，格林先给杜兰特打了一个电话，他在电话中表达了自己对他出色能力的赞赏，同时也表达了他如果带领其他球队打球，能够拿到1~2个总冠军，而没有他的勇士队也能继续拿到1~2个冠军。最后，格林问杜兰特，如果他能够带着他出色的攻守能力到勇士队，大家一起可以获得多少总冠军戒指呢？

虽然目的是拿到更多的总冠军戒指，但是格林在与杜兰特的对话中，处处表达了自己对他能力的赞赏，并表明有了他的勇士队，会拿到更多的总冠军戒指。没有直接对杜兰特说"我喜欢你""欣赏你"，但却让杜兰特真正感受到了。

无疑，杜兰特加盟勇士队，最重要的目的就是想要夺冠，但是如果和其他队员不能融合在一起，双方不能做到"互悦"，又怎么可能产生"化学反应"，让球队赢球并走上总冠军的领奖台呢？

因此，如果真的喜欢、欣赏一个人，你一定会从言行中流露出来，而且在不经意间就表现出来，比如在与人聚会时，你们谈论的对象一定都是自己喜欢、欣赏的；在说起自己喜欢的人时，一定总能想到他光辉亮丽的时刻。而这些只要让你所欣赏的人听到，再次接触时，你们双方就很容易建立起不错的关系。

☛ 了解对方的"喜欢"心理

人们往往将"喜欢"心理埋藏于内心深处，因此，想要博得他人的喜欢，还需要满足他人的这种心理，进而让他心甘情愿地愿意与你交往、喜欢你。就

像实验中的保龄球教练，和对手一样，都打倒了 7 个瓶子，队员们此时最希望的就是有人能给自己提提气、鼓鼓劲儿，让自己更有信心打出精彩的比赛。而甲组教练的鼓励无疑正迎合了队员们的心思，因此不仅让队员们喜欢，还让队员们赢得了胜利。乙组教练不懂得队员那一刻的心理，自然也就没办法让他们喜欢了。

真心相待

《圣经》中说："你希望他人如何对待你，你就应该如何对待他人。"这点与前面我们说的"态度效应"非常相似，也可以说，这句话正好就应和了态度效应。其实互悦机制也是这样，你对别人什么态度，别人就会回应你什么态度；你怎么对待别人，别人就会怎么对待你。但在所有对待的方式中，想要获得别人的信任，让别人看到你对他的喜欢、欣赏，最为重要的就是充满善意的真心相待。

例如，大家因为相互赏识一起创业，你是不是真的一直在为团队着想，是不是一直都将心思、精力放在工作上面，都能让你的合作伙伴感受到。例如，为了赶工，直接在办公桌下铺个地垫解决睡眠问题，简单泡个方便面充饥，都能表达你对你合作伙伴和创办事业的尊重，而此时的尊重无疑就是对他们的欣赏，因为你深知，不能因为你个人的原因，拖整个团队的后腿。

正所谓"礼尚往来"，人际交往也是一样，你对别人流露出了喜欢，别人也会给予你喜欢的回应。

名片效应：善用"心理名片"，迅速引起对方的共鸣

名片，一种人际交往的工具，上面印有公司、姓名、职位，递给对方，对方就能迅速了解到你的身份、专业、地位等。

而像递名片一样，有意识、有目的地向对方表明态度与观点，将自己介绍给对方，就是心理学上的"名片效应"。

名片效应告诉我们：在与人交流时，在对方还未了解你之前，首先表明自己的态度、价值观等，让对方觉得你的观点与他非常相似，进而快速认同你，与你产生惺惺相惜感，由此就迅速拉近了彼此的距离，为建立良好的互动关系夯实了基础。

有这样两个有趣的社会心理实验，很好地证明了名片效应在生活中的重要作用：

其中一个实验：被试者被要求看很多人的照片，但是看这些照片的次数不一样，有的一两次，有的几十次。接着，要求被试者说出他们比较喜欢的那个人。结果出现次数最多的那个，是被试者比较喜欢的。

另一个实验：实验者安排了一些女性被试者从一个房间到另一个房间去，在这个过程中，她们遇到了 5 个从未谋过面的妇女。女性被试者和这 5 位妇女之间不能有任何的交流沟通。实验结束后，实验者让被试者回答她们更喜欢哪一位妇女，结果发现，碰面次数最多的一位依然是最受欢迎的，她一共被"碰面" 10 次，而较喜欢的出现了 5 次，较不喜欢的仅仅出现了 1 次。

实验中的"照片"和"面容"起到的其实就是名片的作用。

不过，很显然，"心理名片"与纸质名片完全不同，"心理名片"上面"印"的是个人的人生观、世界观、价值观、观点、态度等，在向对方"递过去"的同时，也在向对方示意：我们是不是可以有共同的话题，能不能友好相处。

日本松下电器公司总裁松下幸之助可谓是电器行业的英雄和日本的"经营之神"，但是最初他在面试一家电器工厂的工作时，却屡遭拒绝，但最终他依靠自身的"名片效应"为自己争取到了这份工作，从此便开始了他的辉煌人生。

当时，松下幸之助家境非常贫寒，他穿着寒酸的脏衣服就去应聘了，结果人事主管直接回绝了他，让他一个月后再来。

一个月后，他依然穿着那身又脏又破的衣服去应聘，人事主管依然拒绝了他，而后又反复多次。主管见他如此执着，便直接向他讲明了原因：他的衣着不适合进厂上班，于是他马上借钱买了一套整洁的衣服去面试，这次主管又以他没有电器方面的知识为由拒绝了他。

可两个月后，松下带着不少的电器知识又来了。这次人事主管收下了他，并不是他变得非常优秀了，而是他将"印"有"坚韧""耐心"等的名片"递"给了主管。

因此，学会了合理给人"递"名片，可以让你在人际关系上快速建立起对方对你的好感。那么，我们平时在运用"名片效应"时，又该注意哪些要点呢？下面就来具体看一下。

▶ 事先给自己预设一些心理名片

大家都知道，现在很多流量明星在刚出道时，为了快速让大家接受，在娱乐圈站住脚，便打造一些人设，或可怜，或学历高，或性格好，或刻苦不怕累等。在与人正式沟通前，也明显像给自己打造人设一样，预设一些"心理名片"，比如"亲和力强""自来熟""性格开朗""社交达人""细节控"等，然后在与人沟通的过程中，就可以"对号入座"，与对方进入同一频道上。

当然，这些"心理名片"一定是你自身拥有的、具备的，比如你说你是"社交达人"，可是在与人沟通时，却显得胆小怯懦，完全没有"社交达人"的样子，那只会引起对方的怀疑和反感。

同时，在与对方聊你的"心理名片"时，最好能列举一到两个例子，不让对方误会你是为了迎合他才故意说的。

✒ 善于捕捉与对方相关的信息

如果你能够捕捉到对方的信息，并了解对方的态度、观点、经历等，那么也可以根据对方具备的与你类似的部分，为自己打造一张特制的"心理名片"。

举个例子来说。一家服装公司因为与之前的供货商产生矛盾，一时间面临全面停工的风险，公司好几百名工人，一旦停工，公司就会遭受很大损失。就在老板急得像热锅上的蚂蚁一样团团转的时候，他的同伴打听到了一个消息，说一家面料厂的老板以前当过兵，为人正直，或许他能够提供帮助，解公司的燃眉之急。老板一听说对方当过兵，马上就来了兴致，并且认为公司困难很快就能得到解决了。于是他马上买来了两瓶上等的茅台，没有提前预约直接去找对方老板了。

原来，这家服装公司的老板也当过兵，他知道当兵人的军营情怀，而且在畅聊情怀的时候，一定要有酒相伴。两人在交谈中发现，两个人以前都是特种兵，越说越近，最后，酒没喝完，对方老板就已经非常爽快地答应了为这家服装公司供货的要求。

我们每个人都有自己的"心理名片"，但要记住，无论何时何地，都要让自己的"心理名片"保持正能量。

斯坦纳定理：与人正确沟通的打开方式是少说多听

说得少，听得就多。

这是美国心理学家斯坦纳提出的斯坦纳定理，它告诉我们，与人相处时，要少说多听，听取了别人的想法，才能更好地说出自己的想法。

著名励志大师戴尔·卡耐基说过："专心听别人讲话的态度是我们所能给予别人最大的赞美，也是赢得别人欢迎的最佳途径。"著名的记者马可逊也说过："许多人之所以不能给人留下好印象，是由于他们不注意倾听别人的谈话。这些人只关心自己要说的是什么，却从不打开耳朵听听别人所说的……"马克逊采访的基本上都是一些大人物、名人，但其实不只是这些名人喜欢被人倾听，我们每个普通人都希望被人倾听。所以，在人际交往中，我们学会倾听，对别人、对自己都是有好处的。

古希腊有个传说：一个年轻人去求教苏格拉底如何演讲，但是为了表现出他的好口才，没等苏格拉底开口，他便滔滔不绝地讲了很多。苏格拉底没有说话，只是等他说完后，默默讲道："你需要交两份学费了。"

年轻人一脸的不解，于是赶紧询问苏格拉底为什么要收自己两份学费。

苏格拉底告诉他说："我要教你两件事：一件事是如何闭嘴；一件事是如何演讲。"

成功的交流沟通，最关键的就是准确把握他人的观点，而做到这点，就需要专注地倾听他人。而每一次认真听他人讲话，都是一个人成熟的表现；每一次能够很好地听取别人的建议、意见，都是一次"韬光养晦"，让自己从中汲取经验，发现自己的问题、完善自己的问题，进而让自己不断进步。具体来说，多倾听他人、少说才能受到他人的欢迎，具体原因如下（图6-8）。

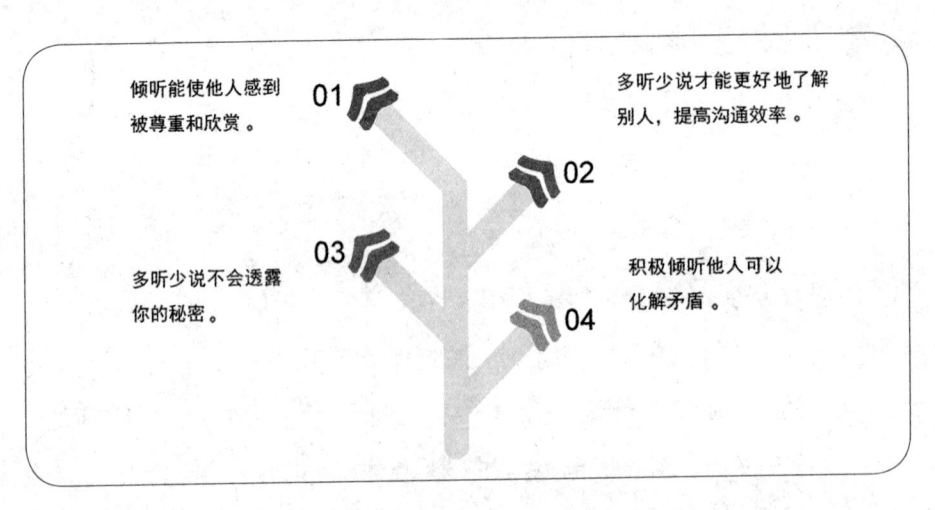

图6-8 倾听受他人欢迎的原因

- 01 倾听能使他人感到被尊重和欣赏。
- 02 多听少说才能更好地了解别人，提高沟通效率。
- 03 多听少说不会透露你的秘密。
- 04 积极倾听他人可以化解矛盾。

你认真倾听对方的讲话，表明对对方的话很感兴趣、很关注，如此，对方便有了被尊重和被赏识的感受，对方才会以热情和感激来回报你的倾听。

在说到有效的说话方式时，有人提出：自己只说1/3，将2/3的机会留给对方，这种沟通方式，不仅能让你很快了解对方的想法，避免误解，同时还能大大提高沟通效率。

夸夸其谈的人很容易因为说漏嘴，将自己的秘密或者他人的秘密、对他人的成见等抖搂出去，这对自己的人际交往无疑是有害的。同时，说得太多，很容易便将你的底牌摊在对方面前了，这对沟通交往、生意谈判等都是非常不利的。

倾听别人在化解矛盾、解决纠纷时，也能发挥超常的作用，它能起到润滑剂的作用，让相互之间的矛盾和摩擦很快消失，也能起到疏通的作用，让不满和愤懑顿时消失，让心情舒畅。

倾听如此重要，但事实上，我们很少能够真正做到去倾听别人。声音专家朱利安在《五种令倾听更有效的方法》的演讲中谈到，虽然日常生活中我们会花60%的时间去倾听，但真正被接收的只有25%。同时也有研究表明，在人与人的交流沟通中，只有20%的人真正能撇开客观的干扰，做到倾听他人。因此，我们在日常生活中还要特别注意培养并学会如何去倾听他人。

▶ 真诚且专注地去听

真正的倾听一定是发自内心专注地、真诚地去听的，只有这样，才能听到对方言语中的"精华"部分，才能不断地、恰如其分地回应对方。如果你因为一些原因不能倾听对方，就不要做出假装在听的样子，不管你装得多么逼真，都能让对方看出你的心不在焉。例如，你的目光总是左顾右盼，或者总不合时宜地给出回应，给出的回应还不是对方所说的等。这很容易引起对方的反感。

不妨将真实的原因提出来，并向对方说明。例如，你着急去办一件非常棘手的事情，没时间再听对方讲了，此时你不妨说："对不起，我真的很想听你说完，但现在实在有一件特别棘手的事情不得不去处理，你看，我们改天接着沟通交流可以吗？"

▶ 付出极大的耐心去听

不少人在交流沟通时，可能因为语言组织能力或者心情紧张等因素影响，说话磕磕巴巴、零零碎碎，逻辑混乱，半天都无法将话说到正题。此时，就需要你保持足够的耐心，鼓励对方完整地表达出他的意思。

坚决杜绝插话习惯

在别人正在发表自己的言论时，随便插话，打断对方的思路和话题，将话题硬生生地扯到自己这边，这一坏习惯是要坚决杜绝的，否则会严重妨碍与对方的交流沟通甚至交往关系。想要获得较好的交流效果，或者想要与对方建立较好的互惠互助关系，就必须摒弃中途乱插话的习惯。

不时做出回应

想要让对方清楚你在认真倾听他讲话，有一个非常简单的办法，就是不时做出回应，可以用"对""没错""就是"等简短的话回应。也可以在对方说到开心处时，回应愉悦的表情；对方以幽默诙谐的方式表达时，回应哈哈大笑等。针对一些你没有听懂的话，不妨要求对方重新说一遍，或者直接让对方帮忙解释一下，此时不会引起对方厌烦，而是会让他觉得你在认真听，并非常愿意为你重述或者解释。

有句话叫"兼听则明，偏信则暗"，虽然倾听他人非常重要，对互惠互利的人际关系也有助益，但在听取意见、建议时，一定要多方面听取，正确认识事物、明辨是非，不能单纯听信片面的话。

同时也要注意避免"因人废言"的习惯，不能因为对方地位卑微或文化程度不高等原因，就不愿意去听。"智者千虑，必有一失；愚者千虑，必有一得。""三个臭皮匠赛过诸葛亮。"即便是不如自己的人，一样有他独到的见解和意见。

第七章
发展思维：不变的唯一结果是出局

"人生如棋"，想要下一盘好棋，讲究的就是"变化多端、步步为营"，每走一步，都要纵观全局，不断变换招数，最终直插对手要害。而我们想要过上心中理想的、令人羡慕的、自我满意的人生，就不能故步自封、停滞不前，需要改变思维，随着时代潮流不断变化、学习，进而逐渐向少数的成就卓越者靠拢。

避雷针效应：决定你人生高度的是"变通商"

在高大建筑物顶端安装一个金属棒，将金属线与埋在地下的一块金属板连接起来，利用金属棒的尖端放电，使云层所带的电和地上的电逐渐中和，从而保护建筑物等避免雷击。这个金属棒就是避雷针。

根据避雷针的作用，人们总结出了"避雷针效应"，提示大家：在生活中遇到事情要善于疏通、疏导。

大家都知道想要有所成就，一定要付出努力，可是不少人做出了一辈子努力，依然仅够让自己不为吃穿发愁，但有些人，看似并没有费多少气力，反倒直接登上了人生巅峰。这到底是怎么回事呢？

"榆木疙瘩脑袋"，常被用来说那些遇事不开窍、不懂变通的人。而那些一辈子都在努力却依然在原地打转的人，或许与高人之间就差了一个变通思维。

2008 年，为了纪念改革开放 30 周年，《第一财经》准备将著名财经作家吴晓波的《激荡三十年》拍摄成纪录片。为确保拍摄成功，节目组请来了有央视工作经历的罗振宇做策划。当时吴晓波和罗振宇并不熟悉，而且罗振宇给吴晓波的第一印象没有什么特别之处，但接下来的事情，马上就让吴晓波对罗振宇刮目相看了。

第一次策划会，大家就蒙了，因为节目组给出的预算只有300万元，但要求拍摄30集纪录片，且在4个月内完成。

且不说预算有多少，就说时间，就让大家挠头了，所有人一致认为在4个月内完成完拍摄是不可能的事情。因为《激荡三十年》中都是中国当代知名的企业家、政治家、经济学家，身份都显赫鲜亮，短时间内完成他们全部的预约、采访，这怎么可能做得到？

就在大家陷入绝望之时，罗振宇开口了："为什么非要采访当事人？不能采访旁观者吗？"

一时间，大家被他的话说蒙了。他又说，不请书中的当事人，只做外围采访。他还给大家举了张瑞敏砸冰箱的例子，说不请张瑞敏，只把第一报道人找来。

虽然当时大家在听到他这一建议时都呆了，也不知道最终效果会如何，但因为没有其他办法，也只能"死马当活马医"。于是大家在两个月内找到了与当事人相关的300人进行了集中采访。

《激荡：1978—2008》纪录片按时上映了，共31集，播出后，节目拿到了国内几乎所有的新闻纪录片大奖。

任何事情都有"拦路虎"，如果你面对困难只会挠头，那结果就真的成了"榆木疙瘩脑袋"，但如果像罗振宇一样，懂得变通，是不是也能像他们一样做出傲人的成绩呢？再看那些登上事业巅峰的人，我们固然不能忽略他们的智商、情商，甚至是运气，但其中一个共性一定是特别关键的：他们的变通能力，也可以称为"变通商"。

在如今一切都提倡创新的时代里，如果不懂得变通，势必寸步难行。所以，下面我们就来看看那些拥有很强的变通能力的人，他们到底是怎么做到变通的呢？

▶ 不拘泥于格式化认知

总习惯对事物抱持固有的条条框框，就很难在意识当中找到其他的可能性。就像上例中的节目组，预算少得可怜，时间少得可怜，如果大家都在固定的框框里不出来，将书中的"大人物"全部预约到、采访到，都不知道要多少年了。而罗振宇正是没有受固定格式化认知的限制，他绕开了主要困难、矛盾，恰恰就找到了最佳的方法。这绝对不是偶然，而是他善于变通的能力。

那么，怎么才能跳出格式化的认知呢？通过罗振宇的例子我们也能了解一二，这不是埋头苦干、不动脑子的事情，一定要善于思考，多角度找方法。美团网CEO王兴就讲过一句话："多数人为了逃避真正的思考，愿意做任何事。"大多数的人，宁可让自己身体受累，也不愿意动脑思考，这也正是大家缺乏像罗振宇这样的变通能力的原因。

▶ 要善于"曲线突破"

虽然两点之间直线最短，但尼采在《查拉图斯特拉如是说》中告诉我们："一切美好的事物都是曲折地接近自己的目标，一切笔直都是骗人的，所有真理都是弯曲的。"他的话让我们明白了，从现状到目标，不是一直努力走一条完美的直线就可以的，在面对困难时，你必须学会绕开它，走曲线去突破。

日本东芝电气公司在1952年前后曾积压了大量电扇，7万多名职工也无法将这些电扇推销出去。一天，一个小职员看到市场的电扇都是黑色的，而且东芝公司的也是黑色的，他想如果改变一下颜色，是不是能打开销路，于是向当时的董事长石坂提出将黑色电扇改为浅色的建议。最后，这一建议被采纳，第二年就推出了浅蓝色电扇。效果是，浅蓝色电扇深受顾客欢迎，大家纷纷抢购，几个月就售出了几十万台。

这就是曲线突破的很好例子，如果当时还是在黑色的电扇中打转，即便付出打了鸡血般的努力，恐怕也难以有很大突破。

面对困难开通"绿灯思维"

有人说,世上只有两种思维的人,他们分别是红灯思维者和绿灯思维者(图7-1)。

图7-1 两种不同思维的人

从图7-1我们就能看出,红灯思维的人总让困难约束自己,不愿意去寻找突破的办法;而绿灯思维的人从来不会想有什么困难,而是总会想如何才能让事情做成的可行办法。

英国西英格兰大学的心理学家詹妮·法瑞尔认为:"一个任务,如果你坚信自己可以做到,此时神经元之间会有更加高效的连接,将分散的观念联系起来,并迅速制定出解决问题的策略。"遇事千万别先质疑自己能不能做到,而是抱持着"必行"的心态,直接想解决的办法,而且想到办法马上行动,在多次尝试行动中,或许最佳的解决方案就自然而然地出来了呢。

很多人虽然学历很高、学富五车,但依然庸庸碌碌,就在于他们的故步自封,不愿意变通,不寻求突破。因此,最后说一句:决定你人生高度的是"变通商"。

累积效应：小优势积累成大优势，你就是脱颖而出的"异类"

某种外力因素长期作用于同一物体，天长日久，被作用的物体就会产生性状上的变化。

———•••———

这种由量变到质变现象，被人们称为累积效应。

累积效应告诉我们，一项事业，从小做到大，是日积月累的结果。

如今，很多人会聊到中年危机，说的是中年职场人士，工作晋升空间严重被压缩，工作技能也面临着被年轻人赶超的风险，由此不少中年人危机感重重。

但问题是，为什么很多中年人会有这种危机感，深究一下原因，还在于年轻时候不懂"累积效应"，往往对某项工作抱持着照本宣科、按章办事的做法，没有在所拥有的知识和技能上再次提升。如今，到了中年，失去了年轻的优势，自然就会感到危机、压力了。

反过来，如果年轻时候就在自己感兴趣的某种技能上不断精进，日积月累，人到中年，自然会让自己攀登到一个无人能及的高度，让自己的替代率下降。

所以，不管是谁，想要达到人生巅峰，就要不断磨炼技能，通过日积月累的付出，让自身从量变向质变转化。这就需要我们做到以下几点。

▶ 重视"优势累积效应"

从最开始不起眼的小优势，经过积淀，最终成为没人能超越的大优势，这就是优势累积效应。

万维钢在《精英日课》专栏里曾提到能力的两种增长模式（图7-2）。

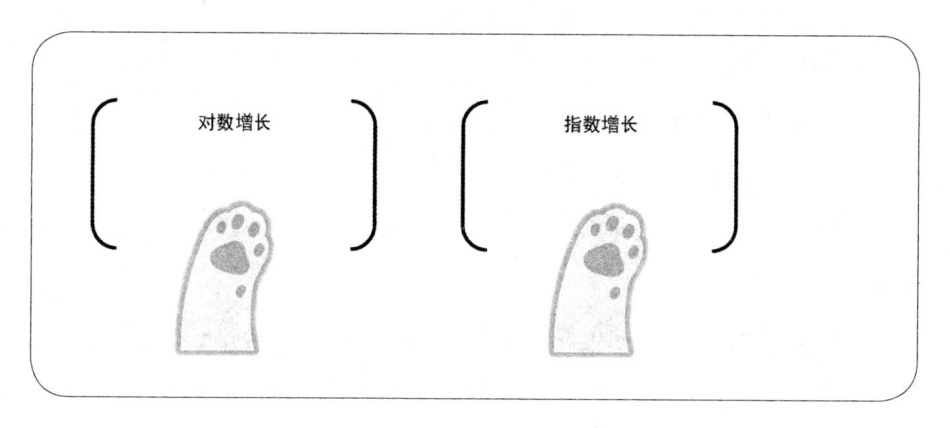

图7-2 能力的两种增长模式

对数增长和指数增长分别有各自的特点，下面我们就来具体了解一下。

对数增长模式

能力的对数增长，起步时成长速度非常快，在短时间内能力就能得到大幅提升，但提升到一个高度时，会进入一个稳定的平台期，此时若想再有些许的进步，就需要日积月累的付出了。例如，运动、语言学习、棋类游戏等。

就拿百米短跑运动员来说。在速度训练、体能训练等科学而高强度的训练下，一个人的短跑速度可以有一个很明显的提升，很容易就刷新了之前的纪录，但如果在此纪录上再创新高，就势必难如登天了。就像在2006年，瑞士洛桑田径超级大奖赛中，刘翔以12.88秒的成绩打破了男子110米栏项目的世界纪录,直到 2012 年,在国际田联钻石联赛尤金站 110 米栏决赛中,他才超过了这次成绩,而且仅超了 0.01 秒,以 12 秒 87 的成绩摘得了冠军。然而,即便只有 0.01 秒,也是刘翔经过了夜以继日高强度的训练之后才提升的。

在对数增长模式下,因为越往后提升的速度越慢,提升的效果也越小,甚至不再提升,此时是最容易使人放弃的。但是,在达到了一定高度之后,不管提升幅度多小,都不用在意,因为此时重要的不是增长的数字,而是一如既往的坚持。

指数增长模式

与对数增长模式不同,指数增长在初期时进步非常不明显,即便有,也不会出现大幅提升的可能,可用龟速形容。但是,当达到某一个阶段时,你会发现,突然你的能力突飞猛进了,进步非常明显。例如,技术研发、写作、自媒体的粉丝等。

这种现象特别像毛竹的生长。毛竹被种下之后,基本上是看不到它的成长的,即便被精心照料 4 年,它的成长也不过三四厘米。不懂毛竹的人见到有人种毛竹觉得完全是在浪费时间和精力,但他们不知道的是,有了这 4 年毛竹扎根地下数百平方米的积蓄,从第五年开始,它们每天都会以 30 厘米的速度生长,仅需 6 周的时间,就能长到 15 米,一片看似荒地的地方瞬间就能变成一片弥漫着飒飒风声的竹林。

其实,不管是对数增长模式,还是指数增长模式,不管是前期迅猛增长、后期显得进步疲软,还是前期龟速前进、后期突飞猛进,都是优势累积效应在起作用。因此,我们不管现在正处于哪个人生高度,都不要忽视平时的积累,让自己每天都有进步,总有一天,你能看到一个站在更高处的自己。

✒ 重视累积效应的两个公式

我们来看一个公式(图 7-3)。

> 价值成本 = 时间成本 + 创新成本

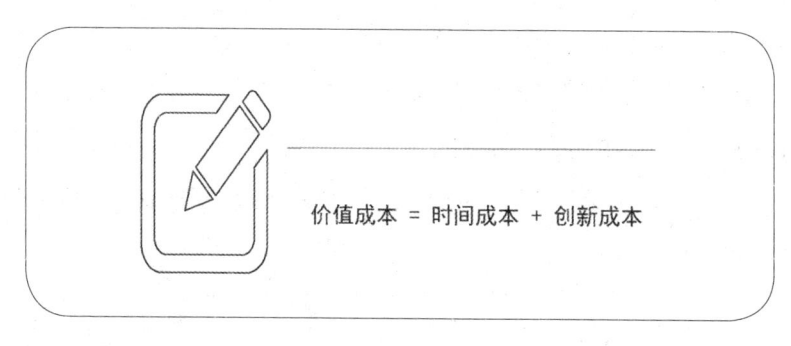

图7-3 价值成本公式

累积效应离不开价值成本,因为一定要有时间成本的付出。就像一个人在成名之前,或者一个品牌在得到客户认可之前,都要承担一定的价值成本,而其中的时间成本是每个人、每个企业都要付出的。付出了时间成本,那么在这个时间成本内,你有没有让自己更上一个台阶,这就要看你是不是付出了创新成本,因为创新才是推动你成长发展的持续动力,如果你墨守成规,不懂创新,最终只能等着越来越多的人超越你。所以,这就衍生出了累积效应的公式(见图7-4)。

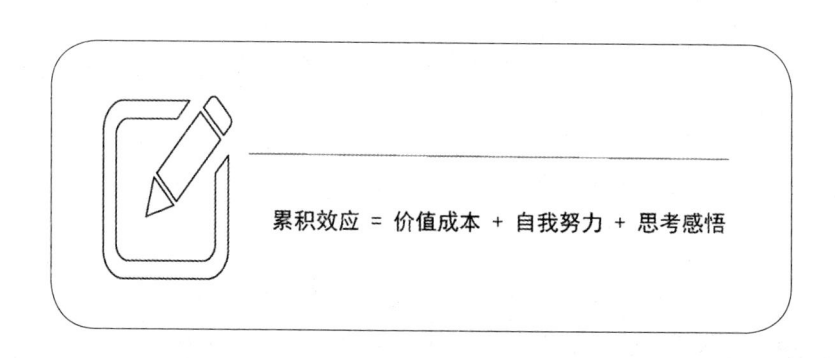

> 累积效应 = 价值成本 + 自我努力 + 思考感悟

图7-4 累积效应公式

从累积效应等公式中,我们就能看出,光有价值成本是无法实现累积效应的,还得有自我的持续努力及思考总结。而为创新成本的付出,其实就是持续努力与思考总结的过程，进而才能不断提升。

　　生活中很多人将优于自己太多的人称为"异类"，认为他们有着与常人不一样的大脑、不一样的思维，他们是让人够不到、摸不着的。但在此，我们要说，"不积跬步无以至千里"，将微小的优势不断强化积累成大优势，你就能成为那个脱颖而出的"异类"而让人仰望。

内卷化效应：要努力，但不要和比你优秀的人拼努力

20世纪60年代末，美国人类文化学家利福德·盖尔茨去爪哇岛生活了一段时间。这位经常于风景名胜处长住的学者，这次却无心观赏诗画般的景致，而是潜心研究起了当地的农耕生活。他发现，当地人采用犁耙进行农耕，且这种原生态的务农方式日复一日、年复一年，一直停留在简单重复、没有丝毫进步的状态中。

福德·盖尔茨将这种现象冠名为"内卷化"，后衍生出"内卷化效应"。也就是说，长期从事一项相同的工作，并停留在一个层面上，不做任何改变。

然而，当今的社会处于高速发展、激烈紧张的竞争之中，每天我们都面临着来自各方的压力和挑战，如果不懂改变，内心充满内卷化心态，那无疑是一种自我懈怠、自我消耗，最终只会被他人取代、被社会淘汰。因此，追求成长、发展的我们，要克服内卷化心态，不断提升自己的技能，我们才能变得更好。

看过综艺节目《声临其境》的人肯定看到了著名演员韩雪的惊艳表现，在参加这档节目之前，她已经是一名被大家肯定的有演技的成功演员了，然而，她在这档节目中的配音，更是折服了太多人，大家纷纷由路人转成超级粉丝。

在其中一期节目中，韩雪一人分饰两角：海绵宝宝、海绵奶奶。在配音时，她的节奏把握精准，情绪饱满到位，纯英文的"精分式哭腔"更是惊呆众人。不仅如此，她在两角之间的无缝衔接、自由切换也很让观众叹服。

接下来，她又马上为《星语心愿》中张柏芝饰演的角色配了音，情绪调整很迅速，现场的声泪俱下，瞬间让我们回忆起了那段美好单纯的感情。这条配音微博转发量达12万，视频观看人数超过了1亿！

在夺冠赛中，韩雪再次不负众望，精分升级，一人分饰八角，配音了《头脑特工队》！不仅在爸爸和宝宝间快速切换，还用声音连续诠释了婴儿的乐、哭声中的哀、小女孩的喜与惊、浑厚男嗓的惧和怒等情绪。全场嘉宾和观众都惊呆了。

有句话说得好：不怕别人比你优秀，就怕优秀的人比你还努力！韩雪已经很优秀了，然而她从来没有停下前进的脚步，不断地磨炼演技、配音等技能，所以在众星纷纭中她才没有被新生代演员替代，反而在影视圈的影响力越来越大。

所以，避免内卷化心态产生，我们就要像那些优秀的人一样努力，让自己也变得优秀。不过想要让自己变得优秀，在努力过程中一定要找准方向。

很多人还不够优秀，并不是不努力，反而是非常努力：看到有人说优秀者每天早上6点就起来记单词，于是很多人5点就起来记。但经过一段时间后发现，与优秀者之间的差距不但没有缩小，反而越来越大。这其中的原因到底是什么？其实，还在于你努力的方向不对。时间长了，你会发现，那些优秀者，他们根本不会拼努力的程度，而是拼努力的方向。那到底努力的方向在哪里呢？这就需要我们注意以下几个方面（图7-5）。

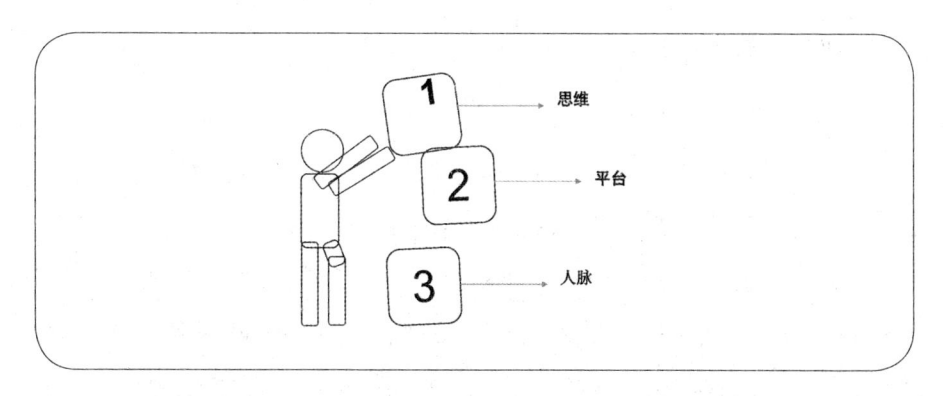

图7-5　优秀者努力的方向

📝 从思维角度来说

非常努力的人，可能真的身体力行、吃苦耐劳，但却缺乏发散思维。

举个例子来说吧。25岁便坐上百度副总裁宝座的李叫兽，是不是平时比同龄人要努力得多呢？努力是必须的，但他肯定不是像有"榆木疙瘩脑袋"那样的人下"死力""笨力"，他是在思维变通方面努力。比如同是进一家餐馆，当我们一同拿起菜单的时候，我们首先想到的就是要吃什么好吃的，怎么才能吃得又好又舒服，而当他看到密密麻麻的菜单的那一刻，心里肯定在想"决策瘫痪"，会想到如何打造"单品爆款"。

这就是思维的不同，优秀的人很懂得发散思维，遇到问题首先想到的是寻找多种方法，而不是单一的方法；看到事物，在事物表面呈现出来的功能上，他们还会想它是不是还可以用做其他用途。

摩拜单车将废弃的、堆得满大街都是的单车回收，利用单车各部分的造型做成简约而不失美感的灯具、躺椅等，不也是发散思维在起作用吗？

▶ 从平台的角度来说

在如今"互联网+"时代下,平台对一个人的影响之大,我们都能看得到。

就拿在快手上一夜爆红的嘟嘟姐来说吧,不管有没有推手在背后操作,但她借助快手直播平台制作了一条《嘴巴嘟嘟》的视频,疯狂吸粉200万,三天内涨粉600万,不到一周的时间吸粉近千万,视频播放量4500万,成了各大直播平台的最强黑马、"爆品"。不仅在吸粉方面能力强,在吸金方面一样强势,从开始2小时的直播收入50万元,到后来的1个半小时直播收入150万元,实在让人艳羡。

然而,疯狂吸粉、吸金的能力背后,除了推手,还在于快手平台的作用。

▶ 从人脉角度来说

优秀的人从来不会闭门造车、自给自足,只要有他们觉得这是适合他们的人脉,他们一定去把握。正如微安说创始人微安老师说的那样:"你有能力,可以让你从0到1;你有人脉,可以让你从1到100。有能力没人脉,做不大;有人脉没能力,起不来。"

依靠努力你具备了一定的能力,但是如果没有人脉,你就只能开展"小作坊",这时候如果不打开人脉,就永远别想着将自己的努力成果放大。

所以,一个人永远都不能放弃努力,但也永远不要想着和比你优秀的人拼努力,因为你还没开始拼的时候,就已经输了。但并不能就此认输,而是要和他们拼思维,改变思维,找对努力的方向,你就是那个优秀的人。

重复定律：做有效的重复，让人生进阶

不断重复行为和思维，这些行为和思维就会不断加强，在人的潜意识中，这些不断被重复的行为和思维会形成一种习惯，并最终变成事实。

———•·———

这就是重复的作用，由此人们也归纳出了"重复定律"。

有句话叫"简单的事情重复做，你就是行家／赢家／专家"，说的其实就是重复定律。

看过《士兵突击》吗？因为没有真正理解军魂，在新兵营训练之后，"只有兵的表，没有兵的里"的许三多被"发配"到了草原五班，那里是"孬兵的天堂"，可无论是怎样的"天堂"，终归是孬兵待的地方。

在凭借着韧劲、毅力用"五星路"重新回到团部进入钢七连后，他依然是那个被人挤对、嘲笑的人，依然没有理解到底什么是军人。当对他最好的史今班长冲着他吼道因为他，自己就要走人的时候，并且冲着他吼全连人、他最好的朋友，还有连长都跟他闹掰的时候，在"龟儿子"三个字大声吼出来的时候，他突然找到了人生的第一个意义：为了让班长留下来，为了不让自己再被叫"龟

儿子"，他要努力。

军营里拼的就是训练实力，他在一个个单调、枯燥的训练项目上一天天重复着。最终，他进步了，被选为班级先进个人。他的光辉时刻终于得到了放大，让全连的人都对他刮目相看，甚至那个连正眼都不瞧他的高连长都开始关心他了，那就是那333个腹部绕杠。

没有简单的重复，就没有许三多的成长。由此，也能看出在一件事上不断重复的作用。

但单有重复就够了吗？显然不是。

有人提出了"一万小时定律"，说的是，想要成为某领域的专家，就要付出一万个小时。按一周工作5天，一天工作8小时来算，至少需要5年。然而是不是这样呢？

有心理学教授质疑道："如果将人类的付出看得普遍化，并且简单化……那么就表明，任何人只要在特定领域累积足够时长的练习都将自动成为专家和冠军级人物。"可事实显然不是，所以这一教授对"一万小时定律"是持否定态度的，他认为，并不是简单投入多少时间就能成为一名专家。比如一名专业中长跑运动员和一名中长跑健身者，他们对跑步都付出了同样的时间，但一个可以拿到冠军，另一个却不一定可以。为什么？这在于他们重复利用时间的方式不同。

单纯的重复可能会让我们在某一领域提升水平，比如厨艺、驾驶等，但是如果不加任何目标的重复，那达到一个水平后，就很难再有提升、突破了。因此，若想我们的人生能够通过不断重复不断进阶，那就需要做刻意重复练习。那什么是刻意重复练习呢？（图7-6）

> 刻意重复练习是一种专注且以目标为导向的练习，具有一定的结构性、预先计划性和策略性。

图7-6 刻意重复练习的解释

单纯的重复大多是盲目、漫不经心的，但是刻意重复练习就不是了，而且需要集中投入高度的注意力和精力。那到底刻意重复练习要怎么做呢？下面我们就一起来看一下。

首先，设定目标

刻意重复练习一定要有一个目标，为了达到这个目标才不断重复。但同时，投入高度的注意力和精力的重复事实上并不是多愉悦的事情，因此，这个目标的设定不要太大，要小而清晰、简单而明确。

前面我们讲目标效应的时候就讲到了这点。其实长期目标可以设定，但为了激励自己不断努力，可以划分为一个个的小目标，以达成小目标时的成就感为动力，再次前进。这样就不会因为枯燥、痛苦而让重复练习半途而废了。

就像许三多，他在重复每个训练项目的时候，手里总有一个小本子，记录着他每次的训练结果，而他的成长就是在这一次又一次的成长中提升的。

其次，让重复练习保持连贯性

刻意重复练习一定要保持连贯性，才能见成效。这个过程或许会有些痛苦。比如因为工作原因，你不得不提升你的英语听说水平，可英语一直以来都是你的短板，此时你需要不断重复练习，在三个月内掌握基础的听说能力。在这三个月中，你之前的玩乐或者休息时间就要被枯燥无味的英语听说读写替代了。但是，不管过程怎么枯燥、让你厌烦，你都要坚持，因为刻意重复练习之所以能让自身能力突飞猛进，让人生进阶，关键就在于它的持续不间断性。

▶ 再次，定期反馈

重复练习有目标为导向，但是这个目标的达成得有一个期限，不能无限期地延续下去。同时，在达成目标之前，还得有一些阶段性的计划、成果要求，否则，又成了盲目的重复。此时就需要你列出计划，并精细到每天、每小时内，还要列出在一定的时间内要达到的成效，比如每天早上6点到7点的一个小时内，你要记忆几个单词、几首宋词。

明确了这些，那么，接下来就要对这些计划、目标积极反馈了。例如，每周给自己一个反馈评估，看每天早上是不是都完成了计划内的单词量，是不是背诵了宋词。

有了这些反馈，才能从中发现问题，也才能从中找到再继续的动力。

▶ 最后，休整

刻意重复练习需要投入高度的注意力，所以持续时间不会太长。专家建议：每天练习1小时，每周练习3～5天，是最佳的刻意重复练习时间。可以通过设置闹铃的形式规定时间，时间到了之后，马上去休息，或者做其他事情。

因为高度专注本身很痛苦，而且很损耗精力，必须有合理的养精蓄锐，才能有连贯性的重复。

任何过硬的本事都是不断地锻炼出来的，为让人生不断进步，就让自己做一些有意识的、刻意的重复练习吧。

黑洞效应：不断学习积淀，让自己变得更优秀

从物理学来讲，黑洞是宇宙空间内存在的一种天体，它的引力很大，"是时空曲率大到光都无法从其视界逃脱的天体"。

———•◦•———

通过天体黑洞，人们得出了黑洞效应，黑洞效应在不同的领域意义也不同。从社会层面来说，黑洞效应告诉我们：优秀的人会更优秀，因为他们会吸引社会更多的联系，会吸引更多的资源，也更懂得如何让自己变得更优秀。

而我们之所以没有与社会产生太多的联系，没有任何的资源，就在于我们还不懂如何让我们自己变得更优秀。而想要优秀，永远离不开两个字——"学习"。

为什么要学习？且不说某项技能提升的学习，就说我们本书的主题精英思维模式。想要像成就卓越者那样，面对困难能快速通过不同的思维模式想出解决的办法，首先就需要有一定的知识积淀做基础，否则，让一个农民去考虑高铁如何提速的问题，肯定不现实。

就像前面我们说到的罗辑思维创始人罗振宇，当他提出对外围人士做专访

时，正是基于他在央视工作的学习、经验的积淀。

当然，我们在此说的学习，并不仅是用眼看、用嘴读，也不是工作劳累之余的阅读消遣，而是真正为你的个人成长所用的，是帮助你变得更优秀的。这就需要我们掌握一定的学习方法了。

▶ 多读书

董卿说过："我始终相信，我读过的所有书都不会白读，它总会在未来日子的某一场合，帮助我表现得更加出色。"

学习有多种方式，但一定离不开书籍。读书真的可以让你"腹有诗书气自华"，让你在人前绽放魅力。

还记得微博里那个广泛流传的故事吗？

一天黄昏时分，两人一起出游，看到夕阳余晖。

一个感叹：落霞与孤鹜齐飞，秋水共长天一色。

另一个却猛拍大腿：我靠，这夕阳！我靠，还有鸟！我靠，真好看！

这就是读书与不读书的区别，不读书，不但处处显得人粗俗不堪，甚至还会将自己困于有限的角落里。

▶ 利用碎片化时间学习

走出校门的我们，不再有大把的系统的学习时间用在书本上，而是工作之余的零碎时间，此时就要充分利用起这些碎片化的时间，充实你自己的头脑。

听说过荣获2018年央视《中国诗词大会第三季》总冠军的雷海吗？这个名字在他参加诗词大会之前鲜为人知，但就是这样一个外卖小哥，登上了央视，拿下了中国诗词大会的总冠军。

成名后，有记者采访了雷海，问他要送外卖赚钱，哪有时间背诗词呢？雷海回答说：

"不管工作和生活多么忙碌,时间挤一挤还是有的。送外卖其实有很多碎片化的时间,这些时间用来背诗词是比较合适的。例如,在商家等候取餐的时候、在路上等红灯的时候。这些时间都可以拿来背诗,下午两点半到四点半这段时间,我回到住处换过电瓶,吃过午饭,有一个多钟头的时间,这个时间相对充足,就可以坐下来好好读几首诗词。"

等餐的时间,等红灯的时间,回到住处换电瓶的时间,这些时间都是碎片化的,在雷海日积月累的学习利用下,让他登上了总冠军的宝座。

想想我们平时的工作是不是也有不少的碎片化时间呢?肯定是的。利用这些碎片化时间强化自身的专业、加深自己的兴趣项目,都是对自己的提升。

找到适合自己的学习方法

如今,人工智能都在疯狂学习了,而你却在疯狂地刷着朋友圈。你或许并不是不想学,而是觉得学起来太难,学过之后又对自己的成长起不到任何作用。其实,这主要是你没有找到适合自己的方法。怎么才能找到这个方法呢?还需要做好以下几点。

首先,承认自己的"无知"

让自己处于一个什么都不知道的初学者的状态。有句话叫"不忘初心,方得始终",这里的不忘初心,并不是不要忘记当初的愿望、理想,而是像个初学者一样,不断学习和进化,而我们要学习的则是知识、规律和优质的内容,在此就要学会以下几种区分(见表7-1)。

表 7-1　知识、规律和优质内容的区分表

分辨	分辨方法
信息和知识	一般来说，听到的、看到的、感觉到的等，算信息； 经过实践被验证过的、正确的概念、规律等，为知识。
经验和规律	成功人士的分享，为经验； 会导致重复成功的因果关系，为规律。
内容的优质和劣质	多看经典书籍，发现优质的； 看多了优质的经典书籍，就能区分劣质了。

其次，充分利用自己的知识

多积累、总结经验，并将这些经验升华为知识、规律，用它们指导行动，然后再由行动形成经验，对经验进行总结思考，进而提炼规律，再通过规律验证行动结果，若验证成功，就是知识。

拥有迭代思维

有迭代思维的人，会觉得自己的知识总是不够用，总要不断地更新，因为他们知道，不更新，就会被人替代，不更新，就没办法跟上这个飞速发展的时代。

对于不喜欢学习的人来说，学习并不是一件令人愉快的事情，但是如果有了迭代思维意识，就会有意识地让自己不断学习。

如今，人工智能都在疯狂学习，我们就不要再浪费我们的大好时光了，为了让自己变得更优秀，不断用学习积淀来充实、升华自己吧。

蜕皮效应：走出舒适区，活出你想要的样子

许多节肢动物和爬行动物，在生长中都必须经历蜕皮过程，且隔段时间就要蜕皮一次，因为它们每一次的成长，都需要用新表皮取代旧表皮，每蜕皮一次，也就意味着它们又长大了。

对人来说，每个人都有一定的安全区、舒适区，想要让自己有更大突破，就跨越自己目前的成就，不画地自限。这就是蜕皮效应。这一效应告诉我们，只有勇于接受挑战、充实自己，才能超越自己，活出自己想要的样子。

舒适区一直是人们经常会谈起的议题，新创举的科技大佬、SpaceX 创始人马斯克也经常会在采访中说到舒适区。他表示他每天都在与想要待在舒适区的自己对抗，他一直在尝试练习，希望每天都有一两件事是在舒适区外进行的。

与舒适区的对抗向来就不是容易的事情。笔者在网上看到过这样一句话："在大城市里，搞废一个人的方式特别简单。给你一个安静狭小的空间，给你一根网线，最好再加一个外卖电话。"

人类的潜意识中，有意在规避困难，而更愿意待在舒适且熟悉的环境中，

并且一旦进入舒适区并习惯其中的感觉，就会变得越来越懒散。因此，想要逼着自己走出舒适区，并不是件容易的事。不过，生活中也从来不缺少从舒适区走出来的成功人士，那他们到底是怎么对抗舒适区，活出最好的自己的呢？

▶ 敢于突破极限

想走出舒适区，首先就要敢于向自己发起挑战，敢于突破自己的极限。这里我们就来说说刘璇。

1.53米的体操皇后刘璇，和郭晶晶一样，都曾在奥运会上与金牌失之交臂，但又重新奋起夺回。12岁成名的她，在退役后，她尝试着更多身份，敢于突破极限，追逐无限可能的生活。

刘璇在《星空演讲》的舞台上说道："这些年我经历了非常多的身份，也让大家看到很多面的刘璇。我很骄傲我拥有这么多的身份，有过这么多丰富的尝试和历练，这是少数人的人生不是吗？"从体操奥运冠军到国际裁判，再到演员、主持人、歌手、创业者……

是啊，我们大多数人曾经梦想，或者一直梦想着的那个能让自己散发光辉、活得漂亮的人生，可不就只有少数人才拥有吗？而刘璇为自己争取的少数人的人生，就是通过不断的突破，走出舒适区。

12岁就拿到了各种团队和个人全能冠军的她，16岁就因受伤、动作危险度太大等原因与冠军擦肩而过。对体操运动员来说，16岁"高龄"的她，不得不面临两个选择：接受现实，带着遗憾结束运动员生涯，还是继续放手一搏？

虽然看似就是两个简单的选择，但却是两种不一样的生活，接受现实，就可以和每天10个小时的封闭式高强度训练说再见了，以往的成就完全可以满足她舒适的生活，而选择挑战，她就不得不与自己的"高龄"体态相抗争，不得不付出比以往更严苛的训练，这就需要她突破极限。但她坚韧地选择了后者，而她也不辜负自己的付出，20岁的她，填补了中国队在平衡木项目上的冠军

"零"突破。

很显然，如果刘璇当时没有挑战和突破自我极限的勇气和毅力，就不可能成就她体操生涯的完美，或许，她后面的人生也不会那么精彩了。

因此，我们想要走出舒适区，活出自己想要的样子，就要具备像刘璇一样面临挑战、突破极限的勇气和坚韧的毅力。

追逐无限可能生活的信心

生活中，从来都不缺乏追逐无限可能的人，但是能不能追逐到想要的生活，那就要看我们有没有挑战的信心了。我们还来说说刘璇。

结束了体操生涯的刘璇，先是成了北大新闻学院的一名大学生，没有文化基础的她，硬是靠着死记硬背攻下了高等数学、拿下了北大文凭，为后来从事国际裁判、记者、主持人等职业，奠定了专业基础。

"我觉得每个人可能在新开始一件事情的时候，最初都需要一种勇气，勇于突破舒适区。"大学期间的生活是自由闲适的，但她没有放松自己，依然像当初体操训练那样，对时间进行严格切割，并严格按其执行，合理利用着每一块时间，补齐她的短板。

在第一次"触电"出演电影《我的美丽乡愁》后，她站在人生新的路口，迅速找到了方向。在接拍了《终极目标》《夜半歌声》等几部影视剧后，刘璇在表演方面积累了经验，于是她大胆签约了香港TVB，并出演了很生猛的动作片《女拳》的女主角。香港影视剧都要讲粤语，但她不会，她也"倔强"地不用后期配音，而是每天只给自己三个小时的睡眠时间，并利用拍摄期，在三个月的时间内学会了粤语。

正是靠着这股从运动员生涯就有的挑战勇气和信心，让她一次次打破人生极限，突破了一次又一次的不可能，也正是这些勇气和信心，让她面对生活中的诸多困难时不再害怕、胆怯，让她变得越来越强大。

如今，生活中不乏处于舒适区中的人，安于现状，静享美好，当然，这也不失为一种生活状态。每个人的选择不同，经历的人生也会不同。但如果我们目前的生活还没有达到我们真正想要的样子，那么就从此刻开始，走出舒适区，拿出自己的勇气、毅力和信心，向生活发起挑战。

凡勃伦效应：提升个人价值，让自己变得"抢手"

生活中，越贵的东西，购买的人反而越多。

这是美国经济学家托斯丹·凡勃伦提出的，由此也得出了凡勃伦效应。它告诉我们，人们更愿意花高价钱购买更好的产品、服务等。

其实，这一效应在个人成长中同样适用。想要让自己更"值钱"，就不能墨守成规、不懂变通，要通过内修提升自己的身份感，让自己的"身价"越来越高，让自己变得越来越"抢手"。那如何才能让自己变得"有价值"，又怎么提升自身的价值呢？我们不妨来看看俞敏洪是怎么说的。

在一次接受采访时，俞敏洪被问到如何利用企业资源平台提升个人价值，他给出了自己的一些看法。下面我们就来具体看一看。

首先，从有变革和创新能力的大企业开始自己的职业生涯

俞敏洪认为每个人的成长都是从工作开始的，一开始还是要去别的公司打工、为别人工作，而且要选择的企业一定是具有变革和创新能力的大企业。

刚毕业就创业很难，先不说技能、技巧方面，就是经验都一点儿没有，只能陷入反复创业却无法成功的循环中。同时他也认为一毕业就进到小的创业公司，无法真正学到工作所需的技能、技巧。当然，他并不反对创业或者加入创业公司工作，但他认为先到大机构、大公司历练自己更为重要。他还举例说，一个人若想在教育领域开展工作，与其一开始就创办一个小培训班，还不如先到新东方这样的企业工作一段时间。

之所以他认为想要有大的发展，须先到有变革和创新能力的大企业中历练，是因为这些企业能够提供资源平台，这些企业自身在运营、管理、创新流程、资源整合方面能力极强，在这样的企业接触到的东西是小企业完全没有的东西，比如高科技信息、先进的研发环境以及能与高手相互切磋、学习的氛围等。

当然，俞敏洪所说的有变革和创新能力的大企业，指的是诸如华为、腾讯、阿里巴巴等企业。

▶ 其次，深入了解、研究细分工作领域及企业

大企业的工作是由多个部门、大量的人相互配合、相互支持共同完成的，进入大企业工作的人，往往会被分到很细化的、小领域的工作，如果你的目光仅限于你所在的细分小领域，提升自己价值的机会就很渺茫，学到的东西就会很有限，最终你可能仅是这个大企业中微不足道的那个部分。

还记得前面说到的那个案例吗？在外企工作十多年的女硕士，当有一天被裁员后，连 3000 元工资的工作都找不到。进外企是太多人的梦想，但是为什么进去了，最终还会被裁，甚至出来后工作都难找？原因就在于她仅限于她细分小领域的工作了，最终成了企业一个完全可有可无的人。

那该怎么做呢？俞敏洪给出的建议是：一是了解细分领域工作中的所有相关内容，包括整体项目情况、整体项目的发展等；二是了解整个企业。

了解了细分领域工作中的内容，包括所在工作项目的重要性、发展情况等，可以拓宽你的眼界以及全局观。

深入了解、研究企业，包括企业的战略发展方向、企业的创新能力、企业的产业延伸以及内部管理机制等，都有助于将自己的工作做到更好，也有助于自身学到很多东西，提升自身价值。

举个例子来说，很多大企业曾经的人事部逐渐被人力资源业务合作伙伴（即HRBP）所取代了，就是因为曾经的人事部仅限于自己领域内的工作，单纯地负责"人事"工作，只管招聘充足的人数，而从来不考虑业务部、生产部等到底需要的是哪类人才。为此人事部也经常成为让其他部门不满的部门。但是HRBP就不同了，他们了解企业各个部门的工作，了解每个部门对所需人才的要求，他们会按照每个部门的"所需"去选聘人员、安排人员。因为送到各个部门的都是最为合适的人才，所以不仅降低了人事工作的成本，还大大提高了各个部门的效率。

所以，进入大企业后，不管你被分到了哪个细分的小领域工作，都不要抱怨，更不要认为是企业对你不重视，而要牢牢抓住这一机会，并从中尽可能地学习更多的知识、技能等。

再次，在经验积累的基础上规划自己的未来

在大企业工作，一定要对自己的未来有个清晰的思考以及长久的职业发展规划，是想要在大企业中晋升，还是想要自己跳出来创业。尤其是在大企业工作几年后，一定要对自己的未来有明确的思考。

想要继续留在大企业中，就要不断强化专业知识、熟练工作内容、加强在工作方面的创新能力，争取得到公司的职业升迁机会，为自己获取更大的平台和更多的资源。

如果你想要自己创业，那么你要确定你是否已经做好了充分的准备，是否对整个行业十分了解，是否看清了行业前景，是否拥有拓展业务的大量资源等。

俞敏洪表示，如果你在大企业中，却每天混日子，是没有出头之日的。首先，企业就不会允许有这样的员工存在。其次，如此混日子，只会让你慢慢走

向"女硕士"之路。

清楚自己的职业规划、定位，并努力为之付出，才能有所成长。

🖝 最后，寻求不同岗位的历练

俞敏洪认为，提升个人价值的途径之一就是借助企业平台的不同岗位进行历练来达成。他表示，在大企业工作，尤其是最初几年，最好不要计较薪酬，发现自己真正的爱好和特长才是最为重要的。而通过不同岗位进行锻炼，不仅能开阔自己的眼界，更重要的是能发现自己的优势所在。

通过以上四条途径的自我提升，最终你就能选择到底是继续在大企业中寻求上升通道，还是自我创业，如果上升通道很难打通，那就要寻求跳槽，或者自我创业了。

人一生就是在不断寻求自我发展机遇中提升个人价值的，而在提升个人价值的过程中，一定不能少了大企业、大平台的历练过程。

青蛙效应：没有危机意识，就得面临"杀机"

美国康奈尔大学做过一个实验：他们找来一只青蛙，将它放入煮沸的热水锅中，青蛙立即跳了出去；当把它放入凉水锅中，并用小火慢慢加热时，青蛙虽然感觉到了温度在变化，但没有当机立断马上跳出来，直到最终难以忍受高温想要跳出逃生时，却发现已经跳不动了，只能被活活煮死。

● — ● ● — ●

这种在剧烈刺激下能够迅速"逃离险境"，但在没有明显刺激感觉的情形下，失去警惕无法从危险中逃离的现象，被称为"青蛙效应"。

青蛙效应在组织以及个人中应用非常广泛。在华为，任正非就要求所有员工都必须有危机意识，而华为在被美国列入"实体名单"，又在美国政治压力下，芯片等供应商对华为"断供"的情况下，却不为所惧，这背后的原因正是因为有危机意识。

在访谈中，任正非针对被美国列入"实体名单"以及"断供"的现象说："美国政客可能低估了我们的力量。我就不多说了，因为何庭波在员工信中说得很清楚……"何庭波在员工信中这样说：为了防止美国断供，多年前华为就针对极限生存做出了假设，并且耗巨资研发了"备胎"。所以，当美国在做出疯狂的"技术霸凌"决定后，这些多年前就已经准备好的"备胎"一夜间转正，确保华为大部分产品的安全。

原来，从 2004 年开始，任正非就找到何庭波，并对他直言"给你 2 万人，每年 4 亿美元研究芯片"，到如今 15 年过去，华为耗费天文数字所做的准备就是为了抵住这一刻的惊涛骇浪。拥有自己的芯片，这就意味着，在美国向华为发动"战争"的时候，华为早已做好了迎战准备。

任正非说："我们的理想是站到世界最高点。为了这个理想，迟早要与美国相遇的，那我们就要为了和美国在山顶上交锋，做好一切准备。"这就是任正非，也是华为的危机意识。而任正非也早早便看到了与美国的交锋必定会来，而孟晚舟的被捕事件，让华美双方的交锋提前了。

对此，任正非说："我们很多员工春节连家都不回，打地铺睡，就是要抢时间奋斗。'五一节'也是这样，很多人没有回家。"正是这种未雨绸缪的危机意识、超前意识，让任正非也让华为才能有底气与美国抗衡。

不管是组织，还是个人，在发展中，在日常的岁月静好中，都是提前备好了干粮，在预判的危机到来时，因为有之前的准备，危机则成了再一次成长的机会。

所以，一个人要想在竞争激烈的社会中占有一席之地，就得提前做好以下准备。

深入了解、学习行业趋势和技能

身处某一行业中，不管你现在发展到何种程度，是领先对手很多，还是在不断地紧追行业领头羊，都要记得不断学习行业技能、观察行业趋势变化。重点要洞悉以下一些行业相关的变化（图 7-7）。

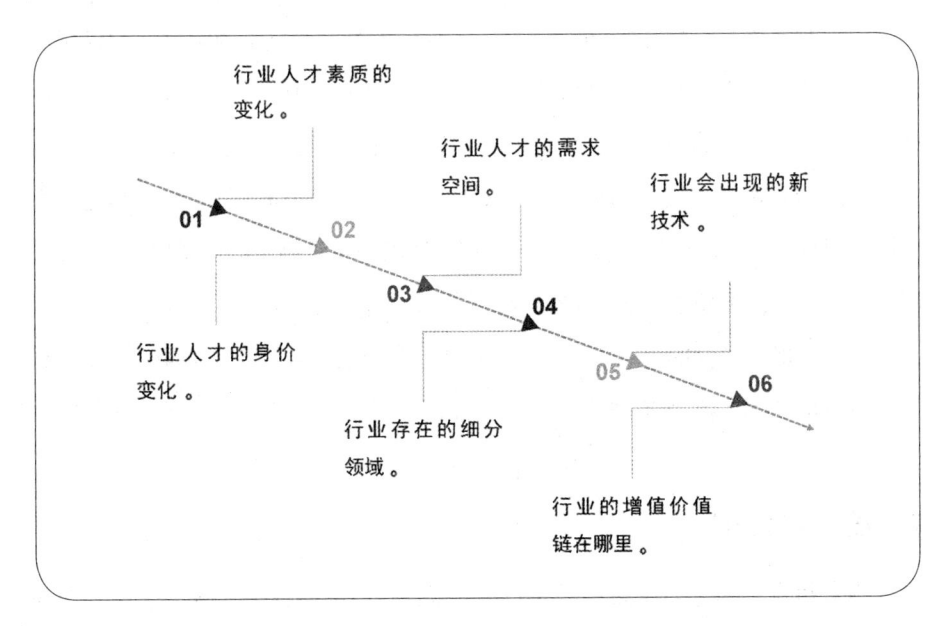

```
                    行业人才素质的
                    变化。
                              行业人才的需求
                              空间。
                                        行业会出现的新
                                        技术。
      01
            02
                  03
                        04
                              05
                                    06
  行业人才的身价
  变化。
            行业存在的细分
            领域。
                        行业的增值价值
                        链在哪里。
```

图7-7 洞悉行业变化的几个方面

举个例子来说，如果你目前正在从事 IT 行业，那么就要多关注、学习区块链、图像算法以及人工智能等方面的知识、技能。

同时，我们尽量多掌握几种技能。有研究发现，一个人的财商是会计、法律、市场营销、投资等各方面能力的综合，也就是说，我们每个人都可以掌握不止一种技能，学习多种技能，并将多种技能相结合，那么就会出现多种生财方法。多掌握几种技能，其实也是多给自己储备几种生存利器，这样就能体现自身的价值，在社会中有立足之地。

🖋 增强工作的不可替代性

不少人每天都在重复着简单、单调的工作，重复着同样的流程和步骤，诸如这种比较机械的工作，很容易被人工智能所替代。所以，如果已经选定了职业，那么就要在自己的位置上多进行创新性的工作，让自己的工作具有建设性和独特性。

举个例子来说，图书编辑工作中，有组稿编辑，也有策划编辑，如果仅懂得组稿，不懂策划，那么被替代的可能性就非常大。但如果在组稿的过程中还兼策划的工作，那么就降低了可替代性，让自己变得更有价值。比如一本书，有的人从策划选题到内容编辑再到文案、封面设计、营销等全流程，都能独立完成，而有的人仅能够完成部分内容。谁体现出的价值高、谁体现出的价值低，就一目了然了。而价值高低无疑就决定了可替代性的高低。

当然，提升自身的价值，增强自身的不可替代性，在工作中不断强化学习，不断吸收新知识、新技能也是非常关键的。

▶ 敢于面对失败

有危机意识的人，在面对机会时不会犹豫，会紧紧抓住，哪怕可能会面临失败。毕竟抓住机会，走旁人不敢走的路，敢于创新，敢于发出不同的声音，才能有机会登上别人不敢攀登的高度。很多人一生碌碌无为，就是因为不敢面对失败，担心承担风险。

人活着，就要有危机意识，更何况是在当今飞速发展的时代呢？如果你懈怠，安于现状，缺少危机意识，后面就会不断有麻烦、压力找上来。比尔·盖茨说过："微软距离破产只有18个月。"就连世界顶级的企业都有这种危机意识，更何况我们个人呢？保持危机意识，就是保持上进的动力，身处安逸的生活中，却能想到将来可能会遭遇的困境，并着手做好准备，才能真正做到拼在当下、赢在未来。

第八章
突破思维：创造总是从打破常规开始

很多时候，我们会按照惯例、固定的思维、工作的经验之谈来解决问题、看待问题，但人活一世，不要处处给自己设限，同时也不要处处以惯有的眼光、思维看事情，只有跳出固有思维的框架，不断突破自己，才能真正活出你想要的人生、活出最好的你。

定势效应：突破常规，到处都是机会

美国心理学家迈克做过一个实验：他从天花板上悬下两根绳子，要求一个人把它们系在一起，但两根绳子之间的距离超过人的两臂总长很多，用一只手抓住其中一根绳子，抻到最大限度时，依然没办法抓到另外一根。不过，在旁边很显眼的位置，就有一个滑轮，目的就是为了引起人们的注意。然而，尽管被要求系绳子的人早就看到了这个滑轮，还是没有想过它有什么用处，最终还是没能完成系绳子的任务。

其实，非常简单，只要将这个滑轮绑在其中一根绳子末端，并且将这个滑轮顺着另一边的绳子方向荡起来，然后赶紧抓住另外一端绳子的末端，在滑轮荡过来的时候马上抓住，就能将两根绳子系在一起了。

———●—●—●———

心理学家将这种不懂变通的现象称为定势效应，指的是有准备的心理状态会影响后续活动的趋向、程度及方式。

很多人在生活中抱怨没有机会，然而，或许并不是没有机会，而是你一直带着"老眼光"看新形势，自然看不到任何机会。可在如今瞬息万变的时代发展中，我们若在认知方面总是带着"老眼光"，一直在思维定式中出不来，即便再勤奋、再努力，工作也难以有大的进展和突破。那么，生活中，我们经常会被哪些思维定式困阻呢？（图8-1）

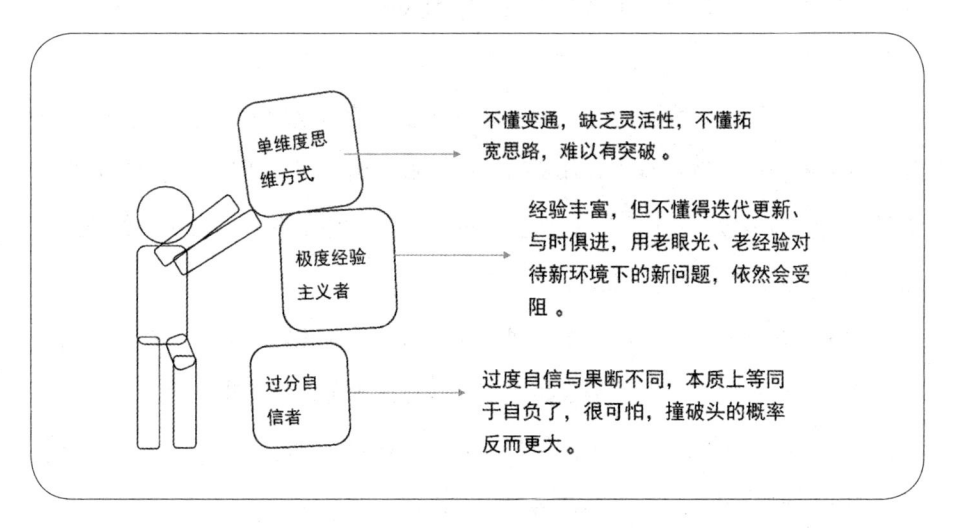

单维度思维方式 → 不懂变通，缺乏灵活性，不懂拓宽思路，难以有突破。

极度经验主义者 → 经验丰富，但不懂得迭代更新、与时俱进，用老眼光、老经验对待新环境下的新问题，依然会受阻。

过分自信者 → 过度自信与果断不同，本质上等同于自负了，很可怕，撞破头的概率反而更大。

图8-1　生活中可能会困阻我们的思维模式

就像那个实验：将6只蜜蜂和6只苍蝇同时装进一个玻璃瓶中，并将瓶子敞开口平放，让瓶底朝着光亮的窗户方向。结果呢？

基于出口就在光亮处的思维方式，蜜蜂以为透着光亮的瓶底就是出口，于是不停地向着那个方向飞，结果它们最终都被累死或饿死了。而苍蝇呢，平时我们都说无头苍蝇乱飞乱撞，就是因为它们没有任何的逻辑思维，完全没有光亮处就是出口的思维定式，乱飞之下，最后都找到了出口。

这个实验就很好地说明了思维定式对一个人成长的阻碍，想要看到全新的你，就不得不打破思维定式。当然，打破思维定式，也不能像"无头苍蝇"那样乱撞，得讲究一定的方式方法。

不按常理"出牌"

习惯了在一个固定的思维模式下生活和工作的人,想要突破势必难如登天,或者说,很多人更喜欢安于现状,根本不想突破。但是,如果你想要活出跟别人不一样的人生,那就要比这些不想突破的人敢想、敢干,敢于不按常理"出牌"。

在一个村子里,村民靠开山砸石块、运石子给盖房的人,每天辛辛苦苦,却卖不了多少钱。但是有个人却不这么干,他看到奇形怪状的石头造型别致,于是他便找到一位花鸟商人,以假山石的大价格出售了石头。很快,他第一个盖起了让人羡慕的瓦房。

政策不允许开山了,村民开始种果树,漫山遍野都是汁浓味甘的大鸭梨,八方客商都聚集过来,将鸭梨成筐成筐地运往国内外的大城市。可就在大家为果树带来的收益庆祝时,那个人卖掉了果树,种起了柳树,因为他发现,好鸭梨有的是,但装鸭梨的筐子却经常短缺。很快,他又成了整个村子第一个在城里买房的人。

一条铁路贯穿南北,上到北京,下到九龙,村民们做起了果品加工生意,开始筹资办厂。但那个人仅是在地边上垒了一道墙,这道墙面向铁路,当火车经过时,大家都能清晰地看到墙上的"可口可乐"四个大字,五百里山川,这是仅有的一块儿广告牌。就靠着这道墙,他每年都能轻松拿到10万元的额外收入。

他同样是小村中的一分子,同样没有读过多少书,然而,他敢想、敢干、懂变通,不走常规路线,总是将想法先人一步。由此才成就了他的一次次成功。

敢于否定自己

在每天的工作生活中,我们已经形成了一套思维习惯,这一习惯很容易将我们带到固定的思维轨道上,让我们时刻记着自己是谁,该怎么做。但是想要做出突破，我们就必须警惕这种思维本能，敢于否定自己。但是在否定自己时，还要注意以下几点。

持辩证否定观

辩证否定观告诉我们：从辩证的角度来说，不能对自己完全肯定一切，也不能完全否定一切，要在肯定中看到否定，在否定中看到肯定。不能一味否定自己，这样反而会严重打击自身积极性，让自己违背想要突破的思维。

清醒地认识自己

否定自己，首先要对自己有清晰的认知，这也是我们在第一章就为大家介绍过的。"人贵有自知之明"，只有清晰了解自己的长处和不足，才能辩证地肯定自己的长处、否定自己的不足，进而对不足加以弥补。

边成长边检验

成长是一个不断实践的过程，在这个过程中，要不时地检验自己，看清具体有哪些进步、哪些不足，然后具体提升。

别总给自己找借口说没有机会，记住，只要你突破常规，跳出固定的思维框框，到处都是机会。

鸟笼效应：不在鸟笼中盲目前行，要在鸟笼外欢脱快活

哈佛大学心理学家詹姆斯和好友物理学家卡尔森打赌，詹姆斯说："我有方法让你很快就得养一只鸟。"卡尔森听完詹姆斯的话不以为然，因为他从来没想过要养鸟，他是根本不会养鸟的。

过了几天，在卡尔森生日时，詹姆斯送了他一只非常精致的鸟笼。卡尔森笑笑说："就算你送我再漂亮的鸟笼，我也不会养鸟，我只当它是一件艺术品吧。"于是卡尔森便将鸟笼放在了书桌旁，不再理会它。

可从此以后，只要家里来客人，看到空鸟笼，都会问鸟飞到哪里去了，卡尔森一次次地告诉客人说自己不养鸟，鸟笼不过是朋友送的。而客人听到他这样的回答后，都会投来疑惑和不信任的目光。最终，卡尔森买了一只鸟回来。

●————●●————●

这就是詹姆斯提出的著名的"鸟笼效应"。就算卡尔森没被客人询问，或者不做任何解释，鸟笼依然会对他形成一种心理压力，进而主动想要去买一只鸟放进笼子中，詹姆斯也正是利用了这种心理才与卡尔森打赌的。它告诉我们，当我们偶然得到一件原本不需要、对自己毫无用处的物品后，还会继续在它的

基础上添加更多与之相关的东西。

生活中，其实很多人都难以摆脱这一效应，其原因就是惯性思维在左右你的思想。例如，刚刚入职一家新公司，来到新的环境，从事新的工作，往往让人如履薄冰，每项工作都认真、仔细地完成不说，完成之后还会认真总结、归纳、复盘。

而一旦这种严谨的工作收到了成效，并且越来越容易后，接下来就会开始被惯性思维扯着走了。或许这种惯性能够给自己的岗位工作提高效率，但毕竟脑力劳动者更需要的是创造力和想象力的内容，一味地复制并追求"熟能生巧"的效率，不仅无法完成高水准的工作，还会形成"想当然"的懒惰和麻木思维。这是对智慧的不尊重和怠慢，也是阻碍和束缚个人成长的绊脚石。

因此，个人想要有所成长，就需要跳出鸟笼效应的惯性思维。这里，我们为大家举几个实例，希望能够帮助大家，用灵活的思考方式、多元化的求职思维以及创新的思考去挣脱鸟笼效应、突破惯性思维。

麦当劳不与同行竞争，而与自己竞争

大家都知道，麦当劳最初就是街边的汉堡店，并想通过抢顾客打败隔壁的汉堡店，而这种竞争方式也是大部分行业的做法，因为干掉一家同行，就能让自己壮大一些。但是后来克罗克接手麦当劳后，可不这么干，他认为这样的做法无非是"损人一千，自损八百"，得不偿失。于是他改变这种常规的竞争方法，转而与自己竞争，花大量的时间、精力规范生产流程、管理流程，最终发明了加盟、连锁的独特商业模式。正是突破了固有的惯性思维，让麦当劳曾经的竞争对手变成了合作伙伴，麦当劳从一家普通快餐店，变成了遍布全世界的快餐帝国。

福特汽车用价格决定成本

大家都知道，一件商品，传统的定价方式是由成本来决定价格的，但福特汽车的创始人亨利·福特却改变了这一方式，用价格决定成本。

曾经，汽车仅是极少数贵族才能消费得起的奢侈品，一般家庭根本没能力购买汽车。为了让普通老百姓也能拥有汽车，亨利·福特决定将价格降到老百姓都能接受的范围，最终他真的推出了 T 型车，并将汽车价格从原来的 4500 美元降到了 360 美元。

起初，大家认为福特是找到了降低成本的生产流程，其实，福特根本不是这么想的，在定下价格时也没有找到任何降低成本的方法，他只是将成本决定价格的传统思维方式颠倒了一下，让价格来决定成本。先定下价格，然后再根据价格从各个流程去控制成本。

T 型车的成功证实了福特改变思维方式的正确，正是借助这次转变，汽车开始在大众间普及，其产量占据了当时全世界汽车总产量的一多半。

罗辑思维创始人不靠关系拉广告

如果在一家广告公司做业务拉广告，那肯定少不了攀关系，通过"熟人法则"找客户，但是罗辑思维的创始人脱不花，当初在广告公司打工时却没有关系可攀，但她并没有为此而踌躇不前，而是想到了其他的看似与拉广告根本无关的办法。她是怎么做的呢？

原来，脱不花当时在某酒店会议室门口偶然听到了老师在讲《战略管理》课程，觉得老师讲得还不错，于是便偷偷溜进去听，听着听着就萌生了一个大胆的想法："我爱听这样的课，广告客户、高管以及老板们是不是也爱听这样的课呢？"于是下课后，脱不花马上找到老师咨询怎么才能听到这些课，于是得到了企业内训的消息。

不对外公开，这些知识的稀有性，恰好是吸引高管、老板们的地方，于是脱不花便与老师和老板商量，最终她争取到在公司开办公开课。接下来，脱不花就拿着名片一个个打电话了，听到有这样的课，不少的企业高管都非常感兴趣，于是都过来听课。

听课过程中，这些高管除了受益匪浅外，还接触了脱不花这个广告业务人员，让脱不花积累了大量人脉资源，同时也让脱不花完成了广告任务。

只要懂得跳出思维的"鸟笼"，就没有什么问题是不能解决的，这正是脱不花给我们的启示。

生活中还有很多突破固有的"鸟笼"思维、绽放更精彩的自己的例子，比如演员王传君，因为饰演《爱情公寓》的关谷神奇，被人们认为是流量偶像小生，当他抱持这样的想法时，他确实将自己困缚于"鸟笼"中了，好在他没有一直沉浸其中，而是敢于突破，转身成了《我不是药神》里拥有实力演技的吕受益，让观众看到了再一次上升的、全新的、蜕变后的王传君。

很多人可能觉得不落俗套、不受惯性思维支配，都是一些假、大、空的口号，其实根本不是，只要换个思路、换个角度，你就能停止鸟笼中的盲目前行，而实现鸟笼外的欢脱快活。

马太效应：挣脱"马太效应"怪圈，实现人生逆袭

《新约·马太福音》中有这样一个故事：富豪马太决定到外面的世界去转转，临走前，他将三位管家叫到身边，给了他们每人1000个金币，并允诺他们可以自由支配。

马太离开了一年，在这一年当中，第一位管家拿着1000金币去做了投资，赚到了三倍的钱；第二位管家拿着1000金币买来各种原材料做成商品出售；第三位管家因为担心会有损失，将钱存放起来，一分钱也没挣到。

一年后马太回来，第一位和第二位管家的做法得到了他的赞赏，他将第三位管家的钱没收，奖给了做投资赚到三倍钱的第一位管家。

这个故事就是马太效应的由来。"凡有的，还要加给他，让他多余；没有的，连他所有的也要夺过来。"这是《新约·马太福音》的原文，也是马太效应的精髓所在。它告诉我们，强者会变得越来越强大，弱者会变得越来越弱小。

马太效应在生活中随处可见，比如在公司中，能力突出的总是那么几个人，而他们也总是能获得老板的信任，获取更多的资源和机会，做出更大的成绩，

得到更大的晋升空间、更广阔的平台。而那些能力较差的人呢？总不被看好，没有资源，做不出成绩，无法获取晋升空间以及平台，最后绝大多数会郁郁寡欢而离职。

还有一些影视剧明星，原本是一个籍籍无名的演员，但经过一部剧后，迅速积累人气，接下来，大导演、大制片、大公司、大广告等，都开始向他发出雪片般的邀请函。

总之，马太效应让我们知道了，牛人会越来越牛，而平庸的人会越来越平庸。想要不断突破寻求成长，突破平庸，跳出马太效应的怪圈，走向不平庸，在成长过程中，我们又该怎么做呢？这就需要我们懂得怀疑自己的固有观念，看它是不是真的正确，是不是在经过你多年的实践后，真的给你带来了成长与进步，如果不是，那么就要重新审视它，并从以下几个方面入手加以突破，来帮助我们一步步走向成功。

找到成功的突破口，让成功不断循环

如果你现在正处于平庸的状态中，周围的人都是比你强的人，那么你就要努力让自己跻身于强者的行列。这就必须经过努力的付出和积累。

举个例子来说。一个高三学生的成绩在班级上一直排在后十名，有一天他突然意识到，想要通过高考争取到名牌大学的入学名额、为自己的将来打下一个坚实的基础，就得从成绩上突破自己，让自己跻身到前十名甚至是更靠前的位置。于是，在距离高考仅剩下不到150天的时间时，他开始发愤图强，从高一的课程开始有计划、有步骤地复习，到还剩下60天左右时，在进行模拟考时，他的成绩已经到了全班前十名的位置；而在最后的冲刺阶段，他的成绩已经名列全班第一，同时跻身到了全年级前三名的排名中。而最终，高考时，他以优异的成绩被某"985"重点大学录取，并经过几年的大学校园生活，最终毕业后进入了国家级的科研机构工作。

想要跨出马太效应的怪圈，第一步是非常艰难的，但是只要找到了自己成

功的突破口，就一定能在此基础上让成功走入良性循环的轨道。而这一成功的突破口，就无疑是人生的"第一桶金"，它不仅仅是指财富上的金钱，还指经验、人脉、技能、专业知识等，也就是资本的原始积累。

上例中的高三学生，从高一的课程开始有序地进行复习，其实就是知识的积累。通过一段时间的积累，取得了成绩的提升，在成绩提升的基础上，让自信倍增，并让他意识到努力不是白费的，于是他最终取得了高考的成功。

资本的原始积累是一个非常痛苦的过程，因为这个过程可能会比较"黑暗"，让你无法看到希望，但是只要坚持积累，并承受住强大的心理压力，自律自控，朝着心中的目标努力迸发，就一定能看到曙光，进而收获更大的光明。

▶ 改变游戏规则，给自己寻求咸鱼翻身的机会

正所谓"强者越强，弱者越弱"，即便是社会通用的规则，也基本上都是强者制定的，自然规则的利益获得方就更倾向于他们。

举个例子来说，滴滴打车的兴起遭到了出租车司机的强烈抵抗，为什么？就是因为滴滴一入市就打破了出租车一家独大的市场规则，动了他们的"蛋糕"。

出租车市场不可谓不强大，似乎无法被人撼动，但滴滴就是打破了这一逻辑，颠覆了人们的认知。我们个人也是一样，看似周围的人有无懈可击的强大之处，自己无法赶超他们，但如果换种思维，或许就能让自己很快得到成长、提升。

有道是物极必反，一个人的弱点往往就是优点的基础，而一个人的优点又往往是弱点的所在。举个例子来说，对手过于强大，但他为了维持他的强大不愿意在销售策略上做变通，并且每天坐在办公室中，只能从下属的报告中获取市场信息。而你虽然身处市场最底层，却因为能够直接接触市场而对市场有充分的了解和认识，并在一番调研和分析后，找到了能推动更大市场的销售策略和方法，那么，这就是你改变游戏规则、以弱胜强、咸鱼翻身的机会。

集中所有资源，专注做好一件事

想要跳出马太效应的怪圈，整合自身资源是非常关键的。但是我们本身处在普通人的行列，手中握有的资源是非常有限的，这就需要我们借助"木桶定律"的长板理论，这一点我们在前面已经说过，就是用自己有限的资源，专注去做好最擅长的领域的工作，将这个领域的工作做到精、细、专，就不愁没有市场、没有资源注入。

所以，想要挣脱马太效应的怪圈，就要敢于对自己的观念提出质疑，同时找到人生逆袭的突破口，并为其付出努力，最终实现咸鱼翻身。

韦特莱法则：所谓成功，就是别人不愿做的你做了

美国管理学家韦特莱提出：成功者所做的，往往是绝大多数人不愿去做的，所以他们成功，就是因为他们做了绝大多数人不愿意去做的事情罢了。

这就是韦特莱法则。它让我们知道了世间大多数成功的秘密所在——做别人不愿意做的事！

那为什么有些人不愿意去做一些事情呢？这里无非有两个原因（图8-2）。

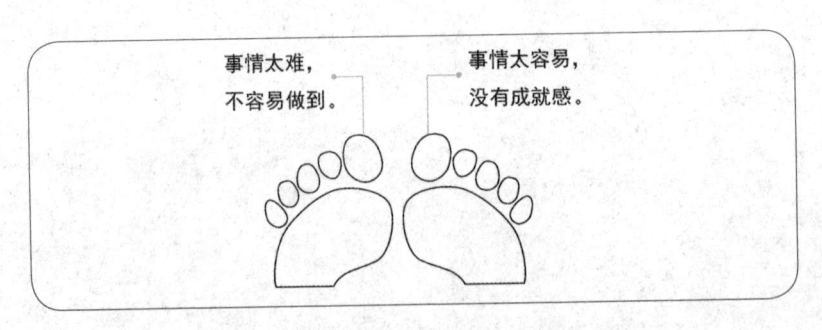

事情太难，不容易做到。

事情太容易，没有成就感。

图8-2 人们不愿意去做一些事情的原因

极其困难的事情，会让大多数人畏惧，从此知难而退、止步不前，但成功者敢于突破，敢于想象，所以才做出惊天的成就；极其容易的事，大多数人又不屑于去做，但成功者不会这么想，他们享受这些容易的事情带来的乐趣，持之以恒，最终也做出了非凡成就。

就像美国历任总统都没想过，或者说没能废除黑奴制度，林肯做到了。为什么？林肯在讲述自己幼年时的一段经历中给出了答案：

林肯的父亲在西雅图以非常低的价格买了一处农场，原本主人是不愿意卖的，但是农场里有很多大石头，与大山相连，没办法搬移。

有一年，林肯的母亲带他们去农场里劳动，母亲建议他们将那些大石头搬走，结果，没多长时间，那些石头就被他们弄走了。原来，那些石头都是独立存在的，并没有跟大山连在一起。

林肯的母亲带领他们让曾经"石头连山"的贫瘠农场成了优质农场，其实就做了原来主人不愿做的事——搬走石头。

而当时美国经济命脉掌握在奴隶主手中，废除黑奴制度，无疑是在极大地削弱这些奴隶主的利益，可想而知，当时废除黑奴制度是多难的一件事。但是，林肯知道，无论怎么难，只要做了，就有实现的可能。最终他做了，也废除了黑奴制度，成了世界上最具影响力的人物之一。

所以，我们想要成为卓越的成功者，就要去做别人不愿意做的事。但该怎么做呢？也是有方法可借鉴的。

▶ 把容易的事情做细致

容易的事，尤其是极为容易的事，就是谁都能做的事，没有任何技术含量，正因如此，很多人对这样的事往往嗤之以鼻。但是，如果将这些容易的事做到细致，你就能成功了。台塑创始人王永庆小时候卖米的故事就能说明这一点。

小学毕业的王永庆，辍学去了一家米店当学徒，凭借着灵活的头脑，很快便用从父亲那里借来的200元钱做本金开了一家自己的米店。因为加工技术落后的原因，当时出售的大米中含有不少米糠、沙粒和小石子等，顾客也都了解情况，所以从来没有对这样的大米有过抱怨。

王永庆却将这种情况放在心上，他细心地将大米中的沙粒、石子都挑拣干净后才出售，结果，大家都喜欢到他的店里买米。

在做了这件非常容易、可其他店主却不愿意做的事情之后，王永庆做出了一个举动：送货上门。这件事对于每家店的小老板来说，可是自降身份的事情，然而王永庆靠着这一服务让自家的米卖得最多。

但是他也不只是送货，还将顾客的家庭情况了解得很熟：几口人，一个月的吃米量，什么时候发工资等。算着顾客的米可能快吃完了时，他就会主动把米送上门，但不着急收米钱，等到他们发工资的时候才会来收取米钱。

他工作的细致还远远不止如此，每次送米的时候，他并不是送到就算完成任务，而是会帮顾客清理米缸，把旧的倒出来，倒进新米后，再将旧的倒在表层，这样就不会导致缸底的米总吃不到而变质了。

在这样极其容易的小事上，王永庆提供着他细致的服务，最终他成了台湾工业界的龙头老大。

所以，面对机会时，我们不要"挑肥拣瘦"，不要因为它过于容易、过于简单而不屑为之。做了，并且细致地去做，早晚都能从中看到成长。

▶ 拿出挑战困难的勇气

成大事者、敢于面对最大困难的人，当然少不了勇气，就像林肯，废除黑奴制度得需要多大勇气，恐怕只有他自己清楚，可以说，他当时真的是冒着生命危险在做这件事，虽然黑奴制度废除了，维护了美利坚联邦及其领土不分人种、人人生而平等的权利，但林肯最终也为此付出了生命——遇刺身亡。

其实，事情到底难易程度如何，只有自己做了才知道，就像林肯父亲的农场里那些看似难以撼动的巨石，其实就是一个个独立的石块。水到底深不深，也只有自己蹚过之后才清楚。所以，面对大家都不敢为之事，拿出你的勇气付诸行动，或许你会发现，其实它根本没那么难呢。

✒ 全力做别人不愿做的事

不管是极难的事情，还是极容易的事情，决定要做了，就用心去做，有道是，凡事都怕用心，只要用心做了，成功就变得没那么难了。为什么这么说呢？还在于以下三点因素（图8-3）。

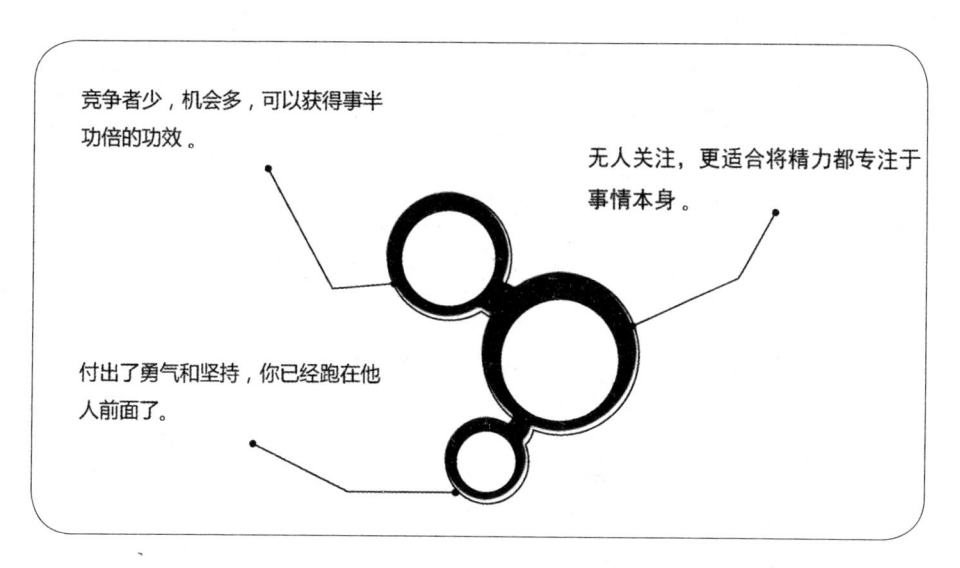

竞争者少，机会多，可以获得事半功倍的功效。

无人关注，更适合将精力都专注于事情本身。

付出了勇气和坚持，你已经跑在他人前面了。

图8-3 做别人不愿做的事更易成功

因此，不要认为绝大多数人不愿意做的事，你也不能做，而是要鼓励自己去做。不落俗套，敢有超人之想、惊人之举，才能成就最终的不同凡响。

柯美雅定律：创新才是王道，不要让努力成为瞎忙

美国社会心理学家 M.R. 柯美雅曾提出：世上没有十全十美的东西，所以任何东西都有改革的余地。只有不拘于常规，才能激发出创造力。

———••———

这就是柯美雅定律。它告诉我们，办事情、想问题都不要拘泥于常规，懂得创新，换个角度思考，都可能会收到意想不到的效果。

很多人感觉自己一天到晚都在忙，忙得甚至连吃饭、睡觉的时间都没有了，可到头来看看收获呢？完全是在瞎忙。网上有句很流行的话："你以为自己很努力，其实只是在瞎忙！"为什么会出现这种现象呢？关键还在于思维守旧、不懂创新。

俗话说："第一个用鲜花比喻少女的人，是天才。第二个套用比喻的人是庸才。第三个是蠢材。"创新正是那盏能够将你前进的路照亮的明灯，总踩着别人的脚印前进，你永远只能是一个追随者、模仿者。

发现了地心引力的牛顿，不可谓不成功，但晚年的他，没有再去有所创新、突破，一心沉迷于亚里士多德的柏拉图学说，十多年的时间就白白浪费在"上帝存在"的"潜心"研究上。

绘画大师齐白石，虽然其画作很早就自成一家，但是他却没有停止创新，不断汲取各大名家的长处。也因此，他一生五易画风，但每次的改变，都是一次画技的突飞猛进。

寻求突破，打破常规，就离不开创新。那么怎么做才能具备创新意识和能力呢？下面几点还需我们注意。

▶ 有意识地了解、学习新事物、新知识

创新是建立在发展基础之上的，有发展就有改变，在如今瞬息万变的时代，每天可能都有无数的新事物、新知识出现。很多人在面对这些事物、知识时，可能会自动忽略，觉得它们离自己很远，根本不需要去了解、学习。但是，如果不懂学习，就意味着不断落后，也谈不上有任何的创新。

举个例子来说，将实体店中的货物"搬到"网络平台上去卖，这无疑是一次史无前例的巨大创新，让不知道多少商家从中赚得盆满钵满。然而，当初淘宝网刚起步的时候，很多人缺乏网络知识，但又不去深入学习，认为这就是骗人的，这其中也不乏一些实体店经营者。于是，到如今大家都习惯通过淘宝、京东等电商平台购物时，那些实体店早已关门大吉，转而想要借助电商平台时，发现入驻平台的条件已经完全不再是当初的免费，同时面对千万家的同类商家，如果不做大手笔的推广完全会被淹没在浩瀚网海中。

这就是不懂学习新知识、不了解新趋势，导致自己少了前瞻性，由此错过了让自己大赚一笔的良好机会。

▶ 拥有"破门而出"的心态

创新就是一种敢于"破门而出"的心态，如果你善于利用头脑风暴挖掘你自身的潜能和价值，那么，你离成功就不远了。

前段时间网络上瞬间火了一个人，他就是"口红一哥"李佳琦。或许你并

不熟悉李佳琦这个名字，不过一定听说过马云"双十一"的五场挑战，当时这位"口红一哥"正是与马云比拼直播卖口红的那个人，并且在销量上一路碾压马云。

然而，李佳琦大火之前，只是一个非常普通的导购员，每月几千元的工资，下班和大多数人一样，唱歌、撸串、打麻将。但是直播行业兴起，他看到了机会，于是他凭借夸张的试色方式，通过直播让很多人认识了他，并通过一些化妆小技巧的分享，吸引了大量的粉丝。当然，最成功的一次还是与马云的PK，让他从此声名大噪，成了时尚网红。

李佳琦是非常努力的，有时候他一天之内需要试一百多支口红，导致喝粥都觉得嘴唇火辣辣的烫。

生活中像李佳琦这么努力的人数不胜数，但是像李佳琦这样有创新心态的人却寥寥无几，否则成功的人也不会那么少了。

▶ 不要因为"忙碌"而不创新

汉字文化博大精深，就拿"忙"字来说，拆开就为"心""亡"，即"心亡"为忙。当你埋头于一件事的忙碌之后，心灵感受就淡薄了。在这种状态下，做什么已经显得不重要了，因为只剩下了忙碌，而完全忘记了事情本身的意义和价值。不过，想要突破自己、有所创新，就不能让"心亡"。

怎么办呢？就是在忙碌的同时一定要多思考，不能"只努力不思考"，否则就只是表演勤奋而已，其本质还是懒，是对自己未来人生的不负责任。常思考、多思考，把忙碌变得"系统"、有目的，就会避免瞎忙了。

此外，多向自己提问，以忙碌为例，问问到底是什么让自己显得如此忙碌？有没有可以让自己不这么忙的方法？……这样一问，创新就出来了。

日新月异已经不再只是一个形容词，它已经成了事实，在这种情况下，如果我们还因循守旧，不懂思维改变，那只能接受被时代淘汰的结局。只有让我们自己改变、创新，来应对"万变"，才能让我们跟上时代的潮流，不断前进。

里德定理：适时改变，遇见最好的自己

觉得当下的一切都将永远存在，有这种思维的人已经输了。想要有所突破和发展，就要懂得变化。

这是由美国花旗银行公司总裁约翰·里德提出来的，被称为里德定理。

里德定理告诉我们，想要突破旧思维，紧跟时代变化，快速适应新形势、新环境、新情况，为自己的人生开辟更宽广的空间，就得接受变化，不断学习。

台湾作家刘墉说："成长是一种美丽的疼痛。"想要不断成长，遇到最好的自己，就要不断在发展变化中改变自己。

有这样一个小故事：

甲、乙两人一起聊天，甲问："你知道毛毛虫是怎么过河的吗？"

乙给出了三个答案："从桥上过。""从叶子上过。""被鸟叼着过河。"

对于乙的三个答案，甲都给否定了，他说："没有桥。""叶子被水冲走了。""被鸟直接吃掉了。"

看着乙一脸迷惑不解的样子，甲说："它变成蝴蝶飞过河。但是在变成蝴

蝶之前，毛毛虫要经历一个痛苦的过程，它需要长时间待在茧壳里面孕育力量，直到破茧成蝶的那天。"

其实，不仅是蝴蝶，人也是一样，在飞速发展的新形势下，依然抱持固有的旧格局、旧观念、旧思维，势必会处处碰壁、时时受挫，在这种情况下，如果还不像毛毛虫一样适时改变，最终迎接自己的只有痛苦、懊悔。

然而，即便很多人已经意识到自己在不断地被滚滚向前的浪潮拍打，但还是没有改变的想法和行动。这到底是为什么呢？总结起来有以下几点。

▶ 认知不足，意识不到

很多人被眼前的"忙碌""劳累""压力"等所累，认为自己已经这样了，为什么还要费时、费力、费心地去做改变。

曾经有一个讲师讲到他自己的一个亲身经历。他说，有一次一家公司的老总邀请他去给公司员工进行内训，目的是提高员工的工作效率。他表示，和往常去其他公司讲课一样，那堂课的内容是绝对提高工作效率方法的干货，而且，他的演讲也被很多公司员工喜欢，因为每次演讲都是以结合PPT和现实案例的形式展开，给到员工手中的课件也是图文并茂的形式。然而，即便如此，在讲的过程中，他发现，在300人左右的大会议室中，竟然有十来个人趴在桌子上呼呼大睡，甚至还有人打起了呼噜。他当时没有生气这些人对他不尊重，而是从内心深处感受到那家公司老总的可怜，因为，他看到了这些员工对学习的淡漠、对改变的不屑。

但是，出于责任，他还是让其他同事将睡觉的人叫醒了，并以他的机智幽默，对这些睡觉的人进行了一番调侃，当时有人大声说道："我们实在是太累了。""我们精力有限，除工作以外，再没有想其他事情的精力了。"

很显然，他们认为学习要再付出精力、时间，他们不愿意再去做这些付出。之所以很多人认识到了改变的重要性，但却迟迟不付出行动，根源就在于他们被眼前的"苦累"蒙蔽了，认为哪怕再做一点儿改变都是负担。

应对策略：但是如果我们换一种思考方式，做适当的改变，将学习新东西、新技能当作是提高效率、缓解疲劳的方法，而且学会了这种方法，可以让原来两天的工作变为一天的工作，让原来烦琐的工作变得条理清晰，是不是我们就更容易接受改变了，也愿意为改变付出精力和时间了呢？

✐ 过多理由限制了行动

还没为改变做出任何行动，就开始从客观、主观等方面找各种理由，就是不付出行动。

举个非常简单的例子。领导让员工将工作事项列出来，而这时候就有不少员工根本就没有列，或者就列出了一两条。每个人的工作每天都有很多，不可能仅有一两条，更不可能没有。原因是他们还没有列，就开始分析：这个工作完全没办法实施；这个工作没有生产部门不可能完成；这个工作怎么可能单靠一个人就能完成呢……

其实，在工作、生活中，我们也经常会给自己找各种各样的理由，要不搪塞，要不就根本不做任何改变。

应对策略：改变思考问题的方式，不给自己过多理由，不要想太多，先行动起来再说。

✐ 太过"死心眼"

对待工作、生活认真、执着是好事，但就怕是不动一点儿脑筋的认真、执着，这就成了"死心眼"了。

曾经一位领导安排一个员工去复印一本宣传手册，手册不到100页，但是要复印出至少30册，按一页一页常规复印，两天的时间也复印不完。领导其实意识到这个问题了，但他在交代员工去做的时候，因为手头有其他的事情，就没有多说，结果员工就直接去复印了。

一上午过去了,他只复印了一册多点,既要翻页压平,又要一页一页印,效率慢也正常。可问题是,如果当时接到任务时没考虑时间的问题,在一上午的时间过后,也应该有时间问问题了,但他没有提出问题,下午又闷不作声地接着复印。

这时候,另一位平时常被领导说"脑子反应快"的员工实在看不下去了,手中的工作做完之后,他就去找领导了,说自己可以快速复印出来。于是领导就交给他去做了。然后临下班前,他就将30册复印件带回来了。

后来领导问他是怎么做到的,他说他只是将原来的那本宣传册一页一页地单独拆下来,并且将边缘剪掉,然后采用自动送纸功能,很快就打印好了,打印出来的效果还和直接装订的差不多。只是最初的那本宣传册再次被装订后,相比以往小了不少,但并不影响内容的阅读效果。

这就是"死心眼"和"脑子活络"的不同。其实,我们平时可能也会有这种情况出现,将时间和精力耗在一棵"树"上,不知道想想其他的解决办法。

应对策略:遇问题懂变通,多列出几种解决方案,不要在一件事上损耗太多精力和时间。

太懒不想为改变付出行动

"太难了,我不想去学。""道理我倒是都懂,就是不想动。"生活中,一定不乏有这些心声的人,在改变面前,他们表现出来的就是懒惰,甚至为自己的"懒癌"找各种理由。哪怕目前的工作让自己感到非常压抑、痛苦,也不愿意为此做出改变,不愿意接受哪怕一次的成长阵痛。

应对策略:没有别的办法,面对"懒癌"人,就得逼着行动。

上面我们说出了难以做出适时改变的原因以及应对策略,工作和生活中,只要我们避免那些不愿为改变做出行动的原因,同时参照应对策略去做出改变,就一定能"化茧成蝶",遇见最好的自己。

毛毛虫效应：扔掉"轻车熟路"，学会"正确地"犯错

法国心理学家约翰·法伯做过一个著名的实验：他找来许多毛毛虫，并将它们放在一个花盆边上，让它们一个接一个地相连，且绕着花盆围成一圈，而在花盆周围不远的地方，他特意放了一些毛毛虫喜欢吃的松叶。

第一个毛毛虫开始走了，它没有发现花盆不远处的松叶，而是沿着花盆边缘一圈一圈地走，结果后面的毛毛虫也跟着它一圈一圈地走，就这样，时间一分一秒过去了，经过了七天七夜，这些毛毛虫都因为饥饿和筋疲力尽相继死去了。

在做这个实验以前，约翰·法伯还在想，毛毛虫会不会因为厌倦这种绕圈的行动而转向它们爱吃的松叶，结果没有一只毛毛虫这样做。

后来心理学家将这种因为习惯跟着前面的路线行走的行为称为"跟随者"习惯，把因此而导致最终失败的现象称为"毛毛虫效应"。

毛毛虫效应告诉我们，成长不能墨守成规，将自己禁锢于以往的僵化经验和模式中，而是要不断地与时俱进，寻求发展和突破。

其实，在工作和学习中，我们很多人更愿意采取"轻车熟路"的方式方法

去面对和解决问题,也会下意识地去反复重复的思考方式与行为方式,这就是固有思维。

之所以大家习惯持有这种固有思维,主要原因还在于害怕犯错、担心失败,有"不做就不会错,多做就多出错"的心态。所以,想要突破固有思维,就要做到以下两点。

▶ 改变对错误的认知

想要改变对错误的认知,还要建立起以下一些意识。我们来看一下。

将错误和失败区分开

区分错误和失败,我们首先要弄清两者的意思(图8-4)。

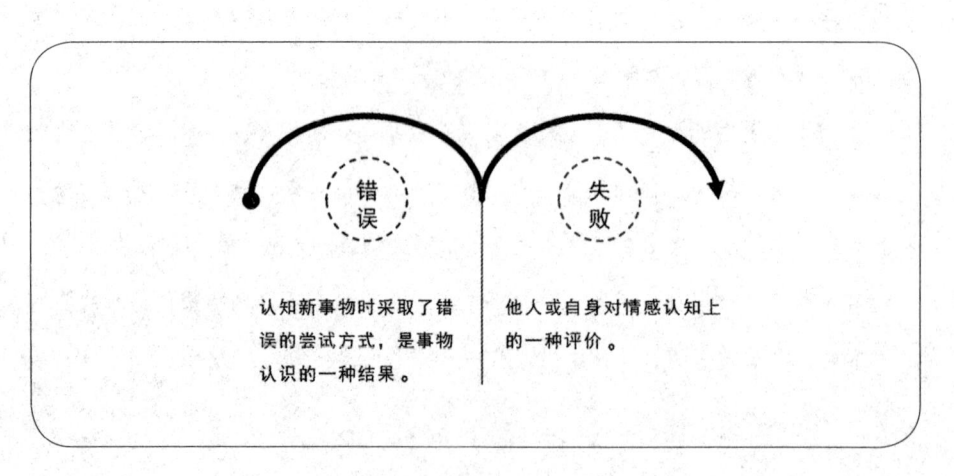

```
错误                          失败
认知新事物时采取了错        他人或自身对情感认知上
误的尝试方式,是事物        的一种评价。
认识的一种结果。
```

图8-4　错误和失败的解释

弄清了两者之间的关系,避免"不做就不会错"的消极心态,就能打破固有思维了。

将错误当作一次反馈

其实，错误是在实践、认知过程中的一种反馈，经验教训不都是从错误中得来的吗？"失败是成功之母"，就是将错误当作反馈的最好诠释。所以，不要担心犯错，也不要因为已经犯的错而给自己太大的心理负担，从中吸取教训，避免以后犯同样的错误才是最重要的。

就像 NBA 球队的教练组，准备一场球，需要准备多套战术方案，每套方案中又会有具体的指导策略。一套战术方案不好使，进攻、防守方面效果都不好，马上从中找原因，调整战术、换策略。

这是将错误当作反馈的最好反映。

将错误当成学习机会

犯错的同时其实也为自己提供了一次很好的学习机会。但是在生活中，我们会经常刻意地规避错误，或者还没开始行动，就先去识别错误。正是这种思想，让我们失去了很多尝试错误、获取良好经验的机会。很多人知道从事一件事情很难，却不知道其中到底有哪些难，或者这件事情的难度到底有多高，这就让自己和"乖孩子""书呆子"没区别了。

▶ 转变对错误看法的固有思维

想要转变对错误的看法，就要改变思维方式，学会"正确地"犯错。具体我们通过以下几方面来看一下。

突破自己"不会犯错"的形象

为了让自己始终保持现有的形象，比如聪明、睿智、先进员工、优秀工程师等，有些人就会将自己封闭起来，不敢再有丝毫的行动去尝试新鲜事物和改变，这无疑是给自己上了一道枷锁，同时也将自己完全拘囿于一个狭小的空间内了，完全阻碍了自身的成长。

因此，我们不能用错误的方式来维护自己不会犯错的形象，要知道，突破发展的道路上没有不犯错误的人，更没有龟缩不前的人。

有意识地犯错

改变不敢犯错的思维方法之一就是有意识地让自己犯错，通过这种犯错克服恐惧心理，并且通过犯错改变对错误的认知，得到正确的认知。

同时，有时候也真的需要我们通过一些反面的结果来验证我们的正确结果。这种情况在科研项目研发上经常会出现，因为一项新的科研项目，首先就是一个大胆的假设，这个假设在被验证正确之前，往往需要多次的错误结果验证。

还有在青少年的教育方面，故意让他们犯错也是一种不错的促进他们成长的方法，因此只有犯过一次错，他们才能知道那样做是不对的，是要采取其他正确的途径的。

当然，故意犯错要注意犯错的程度以及可能会带来的后果，不要让犯错给自己带来负面结局。就像在尝试化学实验时，事先就要了解这个实验结果会不会产生爆炸，产生爆炸的威力如何，适不适合在实验室做这个实验。

还有针对青少年来说，家长可以放手让他们犯错，但是这些错是在可控范围内的，比如他们一定要吃冰镇的西瓜，说了多次也不听，那么不妨就让他们吃，吃完之后拉肚子就是让他们认识错误最好的方法。但是如果是打架斗殴、聚众滋事等，就不能放任不管了。

同时也要注意在有意识地犯错时，要避免走太多的弯路，太多错误会让试错的成本大大增加，得不偿失。不妨在有意识犯错之前，先搜寻一些相关的资料，尤其是知名专家的看法，看他们都有哪些经验总结，从中找到哪些是他们已经验证过的错误，是通过什么方法行不通的。

想要人生能有突破、成长，想要自己能有一个崭新的未来，就要懂得扔掉"轻车熟路"的思维，不怕犯错，并学会"正确地"犯错。

惯性定律：不在安逸中"死亡"，要在折腾中"重生"

在没有外力迫使物体改变运动状态的情况下，任何物体都会保持匀速直线运动或静止状态。

这就是牛顿第一定律，也就是惯性定律。牛顿惯性定律不仅适用于物理领域，同时也适用于我们人类的成长发展。

有人说，很多人从一开始迈进社会的那一刻就已经"死去"了，因为他们认为找到一个收入稳定的工作很好，每天朝九晚五，生活节奏没那么快，也没有什么压力，这就是生活，而且在日复一日地重复着这样的生活。这种没有"朝气"的人生和"死亡"真的没什么区别。

孟子的"生于忧患，死于安乐"是非常有道理的，让自己的生活过于安逸、轻松、闲适，相当于在消磨自己的斗志，尤其是在如今瞬息万变的信息时代，过于安逸的生活，丝毫没有进取心，一定会被社会淘汰。

所以，想要活出精彩人生的我们，就必须从安逸的常规生活中跳脱出来，将生活折腾成我们想要的样子。这就需要我们做到以下两点。

永远不要安于现状

早在很多年前,就有一篇回忆录被大家广为流传,那是有关揭示"富人之所以为富人,穷人之所以为穷人"的讲述,讲述者是一名叫李勇的打工者,而他要讲的这名和他一起走深圳、闯海南,一起挑红砖、抬预制板,一同吃盒饭、喝同一瓶矿泉水的患难"苦友",不是别人,而是大名鼎鼎的人生赢家潘石屹。

在讲述和潘石屹一起走过的岁月时,李勇仍然是那个四处打工者,而潘石屹已是坐拥300亿SOHO中国有限公司的大老板。曾经的"苦友",为什么人生落差会如此之大呢?接下来,就让我们从李勇的讲述中找寻答案吧。

1987年,李勇21岁,高中文化,他从四川老家来到广州打工,但一直没能找到一份正式工,他想去深圳打拼,但苦于没有边防证过不去。就在这时,他遇到了同样想去深圳而没有边防证的年龄相仿的潘石屹。

很快,他们通过特殊渠道,在每人交了50元钱后,被人带着从一处铁丝网下面的洞爬了过去。深圳到了!就在李勇心疼刚花出的50元钱的时候,潘石屹则难掩兴奋地叫道:"深圳,我潘石屹来了!"

此时,李勇才得知潘石屹的基本情况,而让他最为震惊的是,潘石屹竟然是从北京国家石油部管道局经济改革研究室辞职南下闯深圳的,问及原因,潘石屹说深圳发展快,自己肯定能闯出一片更好的天地。接下来就是他们一起并不算长的"患难兄弟"时间了。

找不到工作,身上又分文没有,他们开始到布吉镇挑砖卖苦力,一天10块钱,李勇想长期做下去,这样一个月就能有300元钱了,但当领到一个月350元钱的工资后,潘石屹不打算干了,他想去找更好的机会,但李勇认为每个月能挣300元钱已经很不错了。

最终,他还是在潘石屹的劝导下,和潘石屹一起到一家贸易公司销售电话机。经过一番努力,他俩的工资能达到500元块了,潘石屹也被提拔为了业务经理。但此时,海南开始建省,潘石屹又开始兴奋了,扔下了经理工作要去闯海南。

李勇并不想去，认为当时的五六百块钱已经很好了，但最终潘石屹还是想到机会更多的海南，于是李勇和他一起各自带着1000多块钱到了海口。可是到了海口，半个月的时间，他们依然不知道该做点儿什么，李勇认为潘石屹就是喜欢瞎折腾，不知足，但潘石屹不这么想，和李勇说，只要有一个机会就可以。

两个月过去，两人依然没有找到工作，最后仅剩的1块钱买了一瓶矿泉水还是他俩一人一口喝的。接着，两人又去了砖厂。砖厂的活很累，李勇开始想念深圳时候的安稳轻松，但潘石屹告诉他闯天下没有一帆风顺的。但砖厂的情况确实艰苦，潘石屹找到老板，提了一些改善建议，同时要求自己管理砖厂。老板答应了，这样，在砖厂只干了20天的潘石屹，摇身一变就成了厂长。升为厂长的他马上改善了砖厂环境，同时让效率也提高了很多，而他们的工资也水涨船高。一年后，潘石屹的月工资涨到了1000多块钱，而李勇也在潘石屹的提拔下成了20多人的组长，月工资300多块钱。

就在李勇很满足自己收入的时候，潘石屹又想折腾，将整个砖厂承包下来，想拉着李勇一起干，但李勇还是追求安稳，只愿意给潘石屹打工。

潘石屹承包下砖厂后，经营红火，每个月净赚都在1万多元，潘石屹直接给了李勇1000块钱的工资；很快，砖厂就扩大规模，每月盈利也达到了两三万元，李勇的收入也到了两三千元。

李勇高兴啊，两三千元，在当时，这可是老板级别的待遇啊。但谁知，好日子没过几天，海南控制土木建设，房地产陷入了低谷，砖卖不出去，在两个人积蓄都花光时，依然找不到销路，潘石屹不得不低价卖掉了砖瓦，勉强付清了员工工资。可是，亏了1万多块钱的李勇开始后悔跟着潘石屹瞎折腾，一个劲儿地埋怨自己。自此，他再也不愿跟着潘石屹瞎折腾了，就此互道珍重，分道扬镳。

分别后，李勇又去了一家工地打工，每个月200块钱工资。两年多后，他在大街上碰到潘石屹，潘石屹请他去吃饭，说他和几个合伙人贷款500万买下了8栋别墅，每平方米2000块，正在准备高价转手卖掉。

500万啊,李勇一听就觉得太可怕了,万一亏了,一辈子再也翻不了身了。而从此,潘石屹的人生开始起步,在两人见面后的年底,他到北京发展,成立了万通公司,生意越做越大。而李勇,两年后回家结婚生子,依旧四处打工。

一晃十几年过去,2007年10月,李勇到北京建国门外的SOHO工地当小工,在他听说老板就是潘石屹时,内心掀起了狂澜……

十几年的时间,让潘石屹成了万人瞩目的亿万富翁,而李勇却继续辗转在各个工地间……

为什么会有如此的反差?李勇给出了答案:"以前,我以为潘石屹的成功很偶然,可现在不这样认为了。因为每当在生活的岔道口,我只图安稳,满足于第二天就明白自己干什么工作,害怕失去现有的一切。当初,我还觉得潘石屹每次都是瞎折腾,其实他每次再折腾时,都有了更高的起点,终于折腾成了拥有几百亿的富翁!这就是我跟他的区别呀!"

没错,潘石屹能够不断地占据人生新起点,就在于他不安于现状。

人活着就要不断折腾

前面我们用大量篇幅说到了潘石屹的不安于现状和折腾,但折腾绝不是瞎折腾,而要注意以下几点。

要有目标地折腾

"人挪活,树挪死",在不断地折腾中,人才能获得新生机。折腾是为了获得新发现、找到新活路,是为了某个目标做出的行动。

折腾要有实力的支撑

折腾不是凭空的,是要有支撑的,没有文化、专业、技能等的支撑,结果只会越来越糟;而别人之所以能折腾得如火如荼,是因为从一开始他们就具备折腾的实力。

折腾是不断努力的过程

任何折腾都离不开努力,每次的超越自己,其实都是努力的结果。明确自己的目标,并朝着目标不断努力,就能把握住未来的方向。

有句话说得好,不要在该奋斗的年纪选择安逸,人活一生,尽情将你的人生折腾出你想要的样子吧。

鲁莽定律：先干起来，就已经成功了一半

为了让处于静止状态的轮子转起来，起初就必须使出很大的力气才行，并且一圈圈地反复不停地使力，但这些力不会白费，当加速度达到一定的程度时，即便不用力，轮子也能飞快地转动。

人的一生中，有很多左右为难的事情。

如果你总是，在做与不做之间犹豫、纠结，那么，请不要再去反复思考，而应该是立即去做。肯"莽撞"去执行的人，反而更容易成功的。万事开头难，但只要先干起来，就已经成功一半了。

在正在步入或想要步入一个新的陌生的领域时，在巨大的挑战面前，人们往往有忌惮心理而迟迟不敢付诸行动。本来有做成一些事情的机会和能力，但就是因为长时间的反复推演以及漫长的纠结，让机会和时间都悄然溜走了，想法自己也有，但成事的却是别人。但事实上，那些做成事的人，他们在做之前，可能还不具备你的能力，也不具备成熟的条件，他们所做的就是勇敢、大胆地迈出了第一步，并坚持推动，最终让飞轮在他们的面前飞速运转了起来。

那该如何突破心理障碍，让自己先行动起来呢？我们不妨学学罗辑思维CEO脱不花的鲁莽定律。

▶ 先干起来，就已经成功了一半

万事开头难，但只要开了头，就已经走向成功了。罗辑思维联合创始人兼CEO脱不花，17岁从高中辍学，去一家小公司做起了广告业务。

那还是1997年，正是"不做总统就做广告人"的时代，广告业野蛮成长，而脱不花也跟着野蛮生长着。

当时中华民族园西门有个叫"广告人沙龙"的酒吧，周末晚上会有广告圈的名人到那里进行免费讲座，脱不花经常去听讲座。在一个周末的晚上，她又去蹭听讲座，那一天是当时北京奥美的总经理湛国祥的讲座，他的主题是"如何做提案"。

对于从小公司过来蹭课的脱不花来说，那天晚上她还根本不清楚"提案"到底是什么，同时也是第一次听说"PPT"。讲座结束，大家争相去找湛国祥要名片，脱不花根本没有资格拿到他的名片，但她还是钻进人群混到了一张。

一个月后，脱不花所在的公司接到了一个提案竞标的邀请，这对一个小公司来说绝对是一个大机会，可大家没有头绪，不知道该怎么弄。当时仅是打杂的脱不花也不懂，但她想尝试，想着不懂就要去弄懂，于是便翻出湛国祥的名片，拿起电话拨了过去。没想到，很莽撞的电话、很莽撞的电话内容、很莽撞的邀约，竟然当天中午就约到了湛国祥。

而那天晚上她的同事就要赶火车去见客户了。带着还没准备好的材料，脱不花飞奔去找了湛国祥。内容没办法改了，湛国祥就告诉她如何使用PPT、从哪里购买投影胶片、用什么样的文件夹装胶片比较美观等。

请教完湛国祥，她飞奔去购买了胶片等材料，又飞奔回办公室改内容，在赶火车的最后一刻，她将文件和材料都给同事准备好了，而老板此刻决定让她一同前往。在火车上，她一遍遍地模拟着放胶片、换胶片，一遍遍地记着台词等。第二天一早，老板指明让她讲后半部分。就这样，脱不花从一个打杂的小职员变成了主力。

最后的结果是没有竞标成功，但这并不意味着失败。因为竞标中脱不花的良好表现，让客户把小项目交给他们公司做了，而且后续在没有招标的情况下，他们连续合作了7个项目。

同时也因为那次脱不花的表现，公司在开展新业务做内部培训时，老板直接指定她为项目负责人兼培训师。

问题都是在干的过程中一个个被击破解决的，不管什么事，只有先干起来，才能发现这些问题，也才距离成功更近了一步。不行动，不开始干，你只能做一个做白日梦的空想家。

▶ 完美的计划要有一流的执行力

没有执行力，再完美的计划也是废纸一堆。

前面我们举过脱不花的案例，说她在某酒店会议室偶然听到一堂《战略管理》课程，除了她在思维方式上的变通之外，还有她在其中所体现出来的一流执行力。

当时，脱不花觉得邀请讲师到公司上公开课能为她带来客户资源后，马上与老师商量，商量完后，她转身就去找负责出租场地的酒店工作人员了，并在对租用酒店场地毫无概念的情况下，愣头愣脑地以原价五分之一的价格与工作人员谈了下来。

搞定了场地，接下来要谈老师的课酬了，当时老师还从来没讲过公开课，也不知道收费标准，于是两人合计出来了一个非常低的讲课费。

老师和场地都有了，接下来就是听课的学员了。这无疑是最难的一个，也是脱不花想要获取广告客户资源的关键。当时脱不花手上没有一个客户资源，也就是说，没有一个潜在的学员可能会去听课，但她马上想到了央视广告部，她曾去那里送过资料，那里可是企业家最密集的地儿。一番交涉之后，她从广告部行政秘书那里拿到了广告部主任的名片夹,这个承载了企业名人的名片夹可谓价值连城。

有了联系方式,脱不花开始挨个打电话,到最后开班时,她找到了十几位学员听课。人不多,她就提供优质的服务:主持活跃气氛、抽奖增加体验、评选优秀学员等,最终让听课的学员都非常满意。而当时被评为优秀学员的那个人,第二次带来了十几个高管一起听课,然后又请脱不花带领老师去他的企业做内训,他的公司成了脱不花的大客户。

那个优秀学员就是时任伊利副总裁的牛根生,第二年,他就从伊利离职创立了蒙牛;而那位授课的老师,就是后来担任惠普中国助力总裁、战略总监、首席知识官的高建华。

仅是一次偶然的机会,没有任何的计划,有的只是一流的执行力。

想想要做什么,而不是会做什么

在脱不花鲁莽定律的后面,其实隐藏着一个高手思维:那就是不去想自己会做什么,而是要做什么。从脱不花的经历中也能看出这点,很多事她并不会做,但那并不能阻挡她去做。

就像马云,虽然创立了阿里巴巴,但是直到现在,他依然不懂电脑,就连修改文档、发个文件,依然需要秘书的帮忙。但就是这样,他从开始的18个人,将互联网带到了中国,将中国产品带到了全世界。

或许这就是牛人和普通人的区别,普通人总是在纠结自己会做什么,做了之后有哪些困难,就是不去行动;而牛人只要想到什么,从来不纠结于此,哪怕什么都不懂,他们也是先让自己行动起来。

总而言之,想要突破自己,让自己有所成就,首先最为重要的一点就是行动起来,先干起来,在干的过程中去发现问题、解决问题。